CAPES / Agrégation

Les Montagnes, objets géographiques en dissertations corrigées

Sous la direction
de Gabriel WACKERMANN
Professeur émérite à la Sorbonne

Anthony SIMON
Agrégé de géographie
ATER – université Jean Moulin Lyon III

Pierre THOREZ
Professeur agrégé de géographie
université du Havre

Gérard-François DUMONT
Professeur à l'université de Paris IV –
Sorbonne

André DAUPHINÉ
Professeur agrégé
UMR Espace – université de Nice Sophia-
Antipolis

Michelle MASSON-VINCENT
Agrégée de géographie – Professeur
des universités à l'IUFM de Grenoble

Damienne PROVITOLO
ATER – UMR Espace
université de Nice Sophia-Antipolis

Jean-Pierre HUSSON
Professeur Nancy 2

ISBN 2-7298-0807-8

© Ellipses Édition Marketing S.A., 2001
32, rue Bargue 75740 Paris cedex 15

Le Code de la propriété intellectuelle n'autorisant, aux termes de l'article L.122-5.2° et 3°a), d'une part, que les « copies ou reproductions strictement réservées à l'usage privé du copiste et non destinées à une utilisation collective », et d'autre part, que les analyses et les courtes citations dans un but d'exemple et d'illustration, « toute représentation ou reproduction intégrale ou partielle faite sans le consentement de l'auteur ou de ses ayants droit ou ayants cause est illicite » (Art. L.122-4).
Cette représentation ou reproduction, par quelque procédé que ce soit constituerait une contrefaçon sanctionnée par les articles L. 335-2 et suivants du Code de la propriété intellectuelle.

www.editions-ellipses.com

Table des matières

Introduction 5
Gabriel WACKERMANN

Première partie
LE CADRE GÉNÉRAL ET SES ENJEUX

Hautes et moyennes montagnes : étude comparative 19
Anthony SIMON

L'eau en montagne 25
Anthony SIMON

La montagne château d'eau 33
Pierre THOREZ

Les risques en montagne 39
André DAUPHINÉ et Damienne PROVITOLO

La circulation dans les régions des montagnes 45
Pierre THOREZ

Montagne et frontières 53
Pierre THOREZ

Deuxième partie
SOCIÉTÉS ET ACTIVITÉS

**La géographie de la population des États montagneux
dans le monde à l'orée du XXIe siècle** 61
Gérard-François DUMONT

Populations et peuplements des régions de montagne 69
Anthony SIMON

**Permanences et mutations
des agricultures montagnardes** 77
Anthony SIMON

**Conditions de vie et adaptation humaine
aux milieux montagnards** 85
Anthony SIMON

**Agriculture et pastoralisme en montagne.
Quelques exemples dans le Caucase et la CEI** 93
Pierre THOREZ

Villes de montagne et théories urbaines 99
André DAUPHINÉ

**Fréquentation, aménagement et protection des espaces montagnards
voués au tourisme et aux loisirs** 105
Anthony SIMON

Troisième partie
ÉTUDES RÉGIONALES

**La géographie politique de l'Arc alpin
est-elle déterminée par la montagne ?** 115
Gérard-François DUMONT

**Villes de montagne, ville et montagne :
l'exemple de l'Arc alpin** 123
Michelle MASSON-VINCENT

**Montagnes et politique environnementale en Europe :
enjeux et conflits** 131
Michelle MASSON-VINCENT

**Les populations des pays de l'Amérique andine
à l'orée du XXIe siècle : un effet montagne ?** 141
Gérard-François DUMONT

**Altitude, pente et exposition dans la géographie humaine
des montagnes françaises** 147
Jean-Pierre HUSSON

Introduction

Gabriel WACKERMANN

La question inscrite au programme de l'agrégation de géographie et prévue aussi, pour 2002/2003, au programme de l'agrégation d'histoire, relève, dans le cadre de la récente restructuration du concours, de la *géographie thématique*. Cette nouvelle dénomination remplace celle, devenue traditionnelle et, par la même discutée, de géographie générale. La réforme intervenue vise toutefois bien davantage. Elle implique une importante approche théorique, une réflexion sur l'objet de la géographie, les causalités et finalités, l'épistémologie, la pensée géographique, la modélisation. Elle invite à une approche systématique de l'évolution des rapports entre le milieu dans lequel s'inscrivent la présence et l'action humaines d'une part, les comportements et réactions des communautés sociales d'autre part. Les montagnes, à travers ce cheminement, sont-elles toujours des objets géographiques ? Dans quelle mesure et à quelle(s) échelle(s) ?

[Note marginale : ÉPISTÉMOLOGIE = ÉTUDE CRITIQUE DES SCIENCES, DESTINÉE À DÉTERMINER LEUR ORIGINE LOGIQUE, LEUR VALEUR, LEUR PORTÉE.]

D'emblée la question met également l'accent sur *la diversité, le danger qu'il y a à « généraliser »* ; la géographie générale n'a-t-elle pas forcé quelque peu les réalités ? Il convient donc de revivifier à la fois la réflexion théorique et de scruter de manière aussi fine que possible les variantes, les nuances, les situations différentes et différenciées, les structures qui, dans leur complexité, sont moins similaires qu'elles ne paraissent ; bref, l'étude des objets géographiques nous ramène vers la nature fondamentale d'une discipline étroitement liée à l'espace concret, pourtant impossible à scruter dans ses profondeurs sans le recours aux abstractions scientifiques, aux processus à base quantitative, aux technologies télématiques ou aux représentations virtuelles.

I. Une géographie thématique

Le thème prévu au concours de l'agrégation ne requiert pas une étude systématique et exhaustive des montagnes, de leur nature, de leur répartition, de leur fonctionnement ou de leurs problèmes. Il vise la façon dont les montagnes sont apparues comme des objets géographiques, perçues en tant que tels au fil du temps et à travers l'espace mondial aux diverses échelles. Il requiert une définition adéquate de l'objet géographique, des composantes, variantes socio-spatiales et évolutions de celui-ci, des agressions subies et des adaptations éventuelles ou des ruptures occasionnées. Il pose la question *de savoir de quelle manière les territoires de montagnes évoluent, géographiquement et avec cohérence ou techniquement, sans grande prise en considération de l'objet physico-social même.*

De nouvelles techniques, de nouvelles modalités d'intervention, des effets indirects induits par celles-ci et les interactions réciproques ont contribué à modifier sensiblement les rapports entre l'homme ou de la société et son milieu. Il en est résulté *un système d'interface* qui fonctionne sous l'effet d'interactions multiples et complexes entre les composants de l'interface.

La question des « montagnes, objet géographique » implique, sans doute heureusement, la prise en compte de *l'ensemble des domaines couverts par la géographie,* un souci caressé depuis plusieurs décennies, notamment par de nombreux géographes français attristés par les clivages et querelles stériles, désireux de se consacrer exclusivement aux affrontements scientifiques qui, seuls, sont susceptibles d'entraîner le progrès. Cette inquiétude est à présent atténuée dans la mesure où les nouveaux choix ne devraient pas « laminer » *a priori* les acquis fondamentaux de la géographie physique que d'aucuns se sont fait un malin plaisir de faire dévier d'une convergence géographique fort utile et indispensable aux sciences sociales d'une part, aux sciences dites exactes d'autre part. La conjonction des facettes physique, environnementale, humaine, socio-culturelle et économique de la discipline géographique demeure requise.

Relevons *qu'un milieu géographique est la conjonction d'une dynamique naturelle (appuis morphologiques, climatiques biologiques...) et d'une dynamique sociale*. Celle-ci se traduit, en fonction de ses besoins existentiels, ses aspirations et projections de la vie, par des orientations économiques qui modifient au cours des temps les interactions entre les conditions écologiques et les rapports sociaux. Un recul historique suffisant et judicieux en même temps que le souci du quotidien est donc nécessaire.

Si l'évolution n'est pas faite de fractures conduisant à l'homogénéisation, la montagne ne connaît pas de vraie rupture ontologique entre la société et son milieu. Même le gratte-ciel a pu constituer un objet géographique lors de son apparition, car il répondait à des besoins de pression foncière et immobilière, ainsi qu'à des poussées imaginatives et créatrices. Aujourd'hui il appartient à l'arsenal de ce que Françoise Choay a appelé « l'espace planétaire homogène, dont les déterminations topographiques sont niées ». Il n'est donc plus qu'un objet technique et a perdu sa force de paradigme dans l'aménagement du territoire. L'objet géographique demeure tributaire fondamentalement des relations de l'environnement aux sociétés en place à travers une certaine continuité historique.

Les ruptures politico-culturelles — invasions, changements brutaux de régimes — ou l'internationalisation banalisatrice — par l'urbanisme, le tourisme, les modes — ont visé l'accaparement de la montagne au profit d'idéologies, de techniques de transformation au service du productivisme, rompant les cohérences souvent péniblement établies au cours des siècles. Face aux dangers qui guettent, les étagements forestiers sont soumis au « jardinage » en vue de répondre à des exigences souvent contradictoires : la production est encadrée par la protection dans un souci de durabilité. Le tourisme qui permet à la montagne de répondre au mieux aux impératifs d'objet géographique est celui qui s'ajuste aux conditions requises par cette durabilité. L'aménagement en général, par sa vocation et ses cheminements complexes en vue de choix réfléchis à long terme, tient compte des multiples paramètres, historiques et actuels, qui contribuent à réduire ou à éviter les déboires. Les adrets et les ubacs ont un sens profond et des fonctions différenciées, contrastées. L'urbanisme montagnard doit en tenir compte, sous peine de pénalisation par des catastrophes dites naturelles.

Si de nombreuses innovations logistiques sont parvenues à bout des accidents topographiques (tunnels, viaducs, voies ferrées, routes et autoroutes, aviation...), elles ont eu un sens si leurs structures sont demeurées exceptionnelles, entourées de garanties environnementales. Dans ce cas elles ont permis aux montagnes de demeurer des objets géographiques en continuant à favoriser les interactions complexes et évolutives sur des territoires valorisés.

L'économie, pour promouvoir de pareilles attitudes et politiques, se doit d'être éthique, c'est-à-dire prendre en compte la morale dans le calcul économique. L'ouvrage de François-Régis Maheu est éloquent à ce sujet : *Éthique économique — Fondements anthropologiques*, Paris, L'Harmattan, coll. « Bibliothèque du développement », 356 pages. Le vécu, l'imaginaire, la sentimentalité, les logiques individuelles et collectives, les projections spatiales nourries d'héritages culturels sont parties prenantes de cette tendance, cette vision à long terme.

Dans cette optique une démystification de la géographie générale s'impose parallèlement. La montagne a induit *de multiples affirmations déterministes auxquelles il faut mettre un terme*. L'histoire et le présent témoignent du fait que la montagne peut être apprivoisée d'une certaine façon, qu'elle ne soumet pas obligatoirement les milieux qu'elle influence à des lois. Certains pays, tel le Japon, sont principalement des pays montagneux, alors que l'essentiel de leur population n'habite pas la montagne. Par contre en Amérique latine les montagnes font l'objet de nombreuses réalités démographiques. Une démarche systémique contribue à poser les vrais problèmes, ceux des rapports à la montagne par l'action volontariste des sociétés.

Face à cette ouverture, l'identité du montagnard est remise en question. Observons d'abord que les montagnes sont appréciées de façon très hétérogène par les autochtones. Trois types essentiels d'attitudes peuvent être reconnues : le refus de l'évolution, de la rupture du cercle vicieux, l'adhésion à la dynamique physico-sociale, et, dans un stade intermédiaire, la passivité ou l'acceptation plus ou moins forcée des événements. À travers *une conception plurielle de l'identité des montagnards*, celle de la montagne devient plurielle elle aussi. En effet l'identité ne saurait être la même partout. Ce serait caricatural et revenir à un déterminisme de bas étage. La référence identitaire est toutefois très équivoque, d'autant plus qu'elle est fréquemment grevée d'un *a priori* découlant de l'identité unique. Elle permet de masquer de solides intérêts catégoriels, contraires aux véritables solutions qui semblent s'imposer à une optique à long terme. Il importe donc de procéder à un toilettage sérieux de cette notion.

Dans ce contexte, il convient de conférer sa pleine dimension au libellé de la question inscrite au programme. *Les montagnes doivent être appréhendées dans leur diversité ; elles sont aussi des objets géographiques différents les uns des autres.*

Il faut ainsi éviter le monorégionalisme dès lors qu'une entité spatiale relativement vaste donne l'apparence d'une appartenance commune, de solidarités spontanées privilégiées. F. Gerbaux et M.-C. Zerbi rappellent à juste titre les excès commis à ce sujet à propos des Alpes, dont on a voulu faire une unicité culturelle, alors qu'une observation tant soit peu lucide permet de constater une très grande diversité culturelle. Ces deux chercheuses parlent d'une « disneylandisation » des Alpes. S'appuyant sur le concept de bricolage de Claude Lévy-Strauss, elles évoquent le mélange de tradition et de modernité effectué à ce propos à partir des « modèles » suisse et autrichien. Elles constatent que « l'image d'un village suisse idéal s'est fabriquée à partir des restes de plusieurs cultures de l'Arc alpin » (RGA, 1996). Et de citer cette phrase typique en son genre : « Les Alpes sont un très grand village suisse qui a réussi » (Crettaz, 1993). La réalité est évidemment toute autre : les Alpes en tant que région n'existent pas. La carte des régions alpines, établie sous l'égide de la Commission européenne, présente la réalité spatiale de l'Arc alpin. Il n'existe pas non plus de « ville alpine » ; c'est un cliché comme les autres (Rougier, Wackermann, Mottet, 2001).

II. La problématique des montagnes

Les candidats ont intérêt à se familiariser dans un premier temps avec *la terminologie et les définitions* : altitude, étagement, orientation, pente, isolement, piedmont, haute et moyenne montagne, reliefs glaciaire, karstique... L'étude de la montagne, comme toute étude sérieuse, requiert un langage précis, le recours à des concepts clairs et à des points d'appui incontestables.

Cette démarche n'exclut pas la nécessité de prendre en considération des représentations qui ont transformé la montagne en *un relief mythique*, dont découlent encore des pratiques quotidiennes, des croyances et des usages, des tabous et interdits divers. La montagne est aussi un symbole métaphysique, un « objet » qui exprime la puissance, la magnificence, qui inspire la crainte, un sentiment de petitesse ou d'admiration, qui suscite la volonté de dépassement, de conquête, de domination. La fonction de défense en haute et moyenne montagne concrétise à sa manière les sentiments individuels et collectifs provoqués par la montagne.

Les pyramides égyptiennes constituent en quelque sorte des montagnes dans la plaine, car sur les hauteurs bordant la vallée du Nil la nature a taillé de nombreux exemplaires de sommets pyramidaux invitant à la méditation, au dialogue entre terre et ciel. Imités par de monumentales constructions réalisées dans la plaine, ces sommets « ramènent » le contact avec les cieux au milieu grouillant des hommes affairés quotidiennement de part et d'autre du fleuve. Au Mexique par contre la pyramide tronquée sert en altitude à renforcer ce lien avec les divinités.

Dans *Problèmes de géographie humaine* (Paris, A. Colin, 1942), Albert Demangeon observe certes : « On rechercherait vainement le nom de la Montagne sur nos cartes ; les géographes paraissent l'avoir ignoré ; mais c'est une figure vivante, pittoresque, précise dans l'esprit des habitants de la contrée ; çà et là des noms de lieux, comme Faux-la-Montagne, comme Saint-Yrieix-la-Montagne, l'opposent aux régions qui l'entourent ». *Les montagnes* existent bel et bien. Elles *participent étroitement à la structuration du globe*, lui fournissent les éléments de base pour son fonctionnement (l'eau, l'air et leurs courants), de multiples matières premières, contribuent à déterminer des limites territoriales, à servir d'enjeux géopolitiques...

Les habitants de la montagne et ceux des alentours ont une forte perception de ce type de relief, à tel point que pour ceux de la plaine ou du versant faisant la jonction avec celle-ci le « haut » de 400 ou 500 mètres d'altitude apparaît déjà comme une montagne. Dans la plaine flamande le Mont Cassel avec ses 176 mètres d'altitude exprime bien cette réalité vécue. La nature et les limites de la montagne sont parfois difficiles à cerner. Ici ou là on parle de haute montagne à 3 000 ou 4 000 mètres, alors qu'ailleurs les hauts-plateaux grimpent allègrement jusqu'à ces altitudes. Il est également délicat d'indiquer une altitude minimale dans la mesure où, comme le soulève déjà Carl Troll, un volcan tropical de 2 000 mètres d'altitude couvert de végétation équatoriale ou le talweg densément peuplé d'une vallée andine située également à 2 000 mètres d'altitude, sont moins caractéristiques d'une haute montagne qu'une chaîne de glaciers en Patagonie ou au Spitzberg. Dans la mesure où elle est couverte d'un manteau forestier, la haute montagne doit dépasser la limite supérieure de la forêt et disposer d'un domaine nival. Des paysages ressemblants se situent immédiatement au-dessus du niveau de la mer aux latitudes polaires et subpolaires (Spitzberg, Lofoten...), ainsi qu'à partir de 2 000 mètres d'altitude dans les Alpes, à 4 500 mètres d'altitude dans le Cordillère bolivienne ou plus haut encore dans la Puna de Atacama.

L'accessibilité et la mobilité croissantes des personnes et des biens ont jeté les bases des grandes mutations subies par les montagnes. Elles ont favorisé deux mouvements opposés et, en fin de compte, souvent complémentaires : l'exode vers des milieux considérés comme plus cléments, le déclenchement des diverses emprises spéculatives, souvent facilité par la fragilisation inhérente aux abandons de toute nature. Les mutations intervenues dans la géographie de la circulation par suite de l'irruption successive et rapide de moyens de transport modernes et de télécommunications, depuis le XIXe siècle, ont souvent modifié sérieusement les rapports aux montagnes. Les échanges, dont le rôle est déterminant dans l'organisation des territoires, ont pesé lourdement sur l'évolution des montagnes et continuent à obérer lourdement la « capital » de celles-ci.

Pressions foncière, immobilière, urbaine, touristique et récréative, exploitation intempestive des richesses du sol et du sous-sol, accaparement de l'eau, de l'air, des réserves de chlorophylle au moment où le prix de ces matières premières est ridiculement insignifiant, ont contribué à des surcharges spatiales, à une consommation d'espace outrancière, à des nuisances grandissantes. L'aménagement des infrastructures de transport et de télécommunication, ainsi que des adductions diverses, étant généralement pris en charge par les pouvoirs publics, les répercussions des saignées routières et surtout autoroutières, celles des atteintes environnementales, y compris sanitaires, sont financées à nouveau par la collectivité, favorisant un secteur privé qui réalise d'imposants bénéfices, dont le prélèvement fiscal est bien loin du montant relativement gigantesque des dépenses publiques occasionnées par les nuisances.

Toutefois, les candidats ne doivent *pas étudier ces divers facteurs* en soi, mais *en raison de l'évolution de leurs relations avec l'environnement physique et socio-culturel.* C'est aussi le cas des problèmes démographiques qui pèsent sur le développement en général, des questions soulevées par l'agriculture, l'élevage et l'exploitation forestière. Les rapports des paysans de montagne avec le milieu, qui ont fait de l'agriculteur un « jardinier », qui ont mis les bergers en contact avec des réserves biologiques et des loups, qui ont ajouté aux préoccupations professionnelles des forestiers des fonctions environnementales nouvelles, ont créé des articulations insoupçonnées il y a un demi-siècle. Les activités secondaires et tertiaires, notamment industrielles, sont soumises à des contraintes techniques parfois draconiennes pour tenir compte des exigences socio-spatiales.

Le souci de valorisation du patrimoine naturel et culturel sous-tend une part croissante de ce mouvement. Celui-ci tend à s'opposer à l'imaginaire « kitsch » dans la transformation de l'espace montagnard, aux clichés touristiques importés visant à banaliser l'environnement. Il conduit à ne pas considérer forcément le tourisme comme une activité majeure des montagnes, à préconiser le tourisme doux, à encourager la protection et la préservation des montagnes. Il soulève ainsi la question des espaces protégés, des parcs qui sont aussi des réserves naturelles : faut-il soutenir ce concept d'aménagement ? Ne crée-t-on pas des espaces artificiels ? Il faut multiplier le nombre de parcs naturels régionaux et de parcs nationaux, répondent certains, pour généraliser l'esprit de préservation de l'environnement et la pratique de la protection. Il importe de « mettre les territoires de montagne en apprentissage » en associant à cette démarche tant les populations autochtones que les nouveaux arrivants, permanents et occasionnels ou saisonniers. Les montagnes demeurent ainsi des objets géographiques.

III. Orientations bibliographiques

Il ne s'agit là que d'orientations susceptibles de mettre l'accent sur des réflexions fondamentales relatives à la montagne, anciennes ou récentes, sur des approches théoriques, des pistes méthodologiques, des études de cas spécifiques ou exemplaires.

1. Publications générales

BARRUET J., *Montagne. Laboratoire de la diversité,* Grenoble, CEMAGREF, 1995, 293 pages.

BUTTOUD G. (sous la direction de), *Gestion multifonctionnelle des forêts de montagne,* Nancy, ENGREF, 1999, 240 pages.

DEMANGEOT J., *Les Milieux « naturels » du globe,* Paris, Masson, 1994.

GODARD A., TABEAUD M., *Les Climats, mécanismes et répartition,* Paris, A. Colin, 1993.

HUETZ DE LEMPS A., *Les Paysages végétaux du globe,* Paris, Masson, 1994.

ROUGERIE G., BEROUTCHACHVILI N., *Géosystèmes et paysages,* Paris, A. Colin, 1991.

ROUGERIE G., *Les Montagnes dans la biosphère,* Paris, A. Colin, 1990, 221 pages.

ROUGIER H., WACKERMANN G., MOTTET G., *Géographie des montagnes,* Paris, Ellipses, 2001, 250 pages.

UHLIG H., HAFFNER W. N. (sous la direction de), *Zur Entwicklung der vergleichenden Geographie der Hochgebirge,* Darmstadt, Wissenschaftliche Buchgesellschaft, 1984, 588 pages.

VEYRET P., « Géographie des montagnes », *L'Information géographique,* Paris, J.-B. Baillière et Fils, 1957, p. 71-76.

WACKERMANN G. (sous la direction de), *Dossiers de l'agrégation – Montagnes et civilisations montagnardes,* Paris, Ellipses, 2001, 192 pages.

2. Études thématiques

BORSDORF A., PAAL M. (Hrsg.), *Die « Alpine Stadt » zwischen lokaler Verankerung und globaler Vernetzung,* 20, Vienne, Institut für Stadt und Regionalforschung, Österreichische Akademie der Wissenschaften, 2000, 147 pages.

Bulletin européen, « Parcs naturels et nationaux, Fédération des Parcs naturels et nationaux d'Europe », D-94481 Grafenau (Publication trimestrielle).

CRETTAZ B., *La Beauté du reste : confession d'un conservateur de musée sur la perfection et l'enfermement de la Suisse et des Alpes,* Genève, éd. Zoé, 1993, 193 pages.

Geographisches Institut der Universität Innsbruck, *Probleme des ländlichen Raumes im Hochgebirge,* 16, Innsbruck, 1988.

GUERIN J.-P., « Les populations touristiques », in L'Institut de Saint-Gervais-les-Bains (sous la direction de R. Knafou), *Une recherche action dans la montagne touristique,* Paris, Belin, 1997, p. 185-196.

GUMUCHIAN M., « La montagne : un haut-lieu de la connaissance », *Montagnes méditerranéennes,* 12, Aix, 2000, p. 109-112.

JOSSELIN D., *Déprise agricole en zone de montagne : vers un outil d'aide à la modélisation spatiale couplant Systèmes d'Induction et d'Information Géographique,*

Lille, Univ. III, 1998, Atelier national de reproduction des thèses, 2 microfiches, 105 x 148 mm.

PERLIK M., BÄTZING W. (Hrsg.), « L'avenir des villes des Alpes en Europe », *Revue de géographie alpine*, 87/2, & *Geographica Bernensia*, P 36, Grenoble & Berne, 1999, 231 pages.

Revue de géographie alpine (RGA), « Forum alpin », supplément au n° 4, 1996, 256 pages.

Revue forestière française (RFF), « Gestion multifonctionnelle des forêts de montagne », numéro spécial, Nancy, 1998, 240 pages.

3. Études régionales

AMOUMENE S., *Étude géographique et paysagère d'un territoire de moyenne montagne sèche : cas des Cévennes ardèchoises*, Lille, Univ. III, 1998, Atelier national de reproduction des thèses, 1 microfiche ; 105 x 148 mm.

CHIFFRE E., *Enclavement et désenclavement en moyenne montagne d'Europe occidentale : Ardennes belge et française-Morvan-montagne languedocienne*, Lille, Univ. III, 1998, Atelier national de reproduction des thèses, 2 microfiches, 105 x 148 mm.

Comité syndical : *Rapport d'orientations*, Syndicat mixte du parc naturel régional du Vercors, 28 octobre 1996, 98 pages.

KIM H. S., *La Place des parcs naturels dans l'aménagement des espaces montagnards sud-coréens*, Lille, Univ. III, 1998, Atelier national de reproduction des thèses, 1 microfiche, 105 x 148 mm.

LACOUTURE M., « Réseau des écoles et nouvelles pratiques du territoire montagnard. L'exemple des Hautes-Terres du Puy-de-Dôme », *Annales de Géographie*, n° 216, Paris, A. Colin, 2000, p. 613-630.

OLIVIER A., *Les Territoires de la ruralité : de l'émergence d'une nouvelle ruralité à un projet de gestion territoriale de l'environnement : Saint-Gervais-les-Bains au Pays du Mont-Blanc*, Lille, Univ. III, 1998, Atelier national de reproduction des thèses, 2 microfiches, 105 x 148 mm.

RAKOTO RAMIARANTSOA H., *La Dynamique des paysages sur les hautes terres centrales malgaches et leur bordure orientale*, thèse, Paris X, 1991.

IV. Conseils pratiques

A. L'intérêt de la dissertation

La dissertation est d'abord une réalité incontournable, peu importe les états d'âme et les critiques dont elle fait l'objet. Elle existe et, pour réussir, il faut s'en accommoder. Autant en accepter les aspects positifs et les valoriser, dans un souci d'optimalisation des chances de réussite au concours.

Bien comprise, elle permet *d'exposer avec clarté et rigueur une question complexe*, sous réserve d'une maîtrise de la matière et d'un art de la démonstration qui sait faire ressortir l'essentiel et accompagner celui-ci par des réflexions et exemples percutants. L'accessoire est rarement utile, car la dissertation n'est ni une « somme » ni un ouvrage.

L'éventail des dissertations livrées en exemples dans le présent ouvrage n'a aucune prétention à l'exhaustivité. Le but recherché est une initiation à la « technique » géographique de la dissertation. Accompagnés chacun d'un croquis ou d'un schéma de synthèse, parfois de plusieurs, les « corrigés » de dissertation proposés sont destinés à faciliter la prise de conscience des principaux aspects d'une question et des difficultés majeures qui y sont liées.

B. L'expression écrite

La dissertation exprime *une haute compétence spécialisée appuyée sur une profonde culture générale*. Elle requiert une familiarisation réussie avec les méthodes et approches dans les domaines les plus divers de la géographie. Elle implique l'assimilation de lectures de base telles que la suivante :

BAUDELLE G., GIBERT M. et B., *L'Épreuve de géographie,* Paris, A. Colin, 1996.

Elle ne saurait être valablement appréciée si elle ne reflétait pas la symbiose de la spécialisation et de la culture générale. Elle requiert des apports des sciences sociales, voire des sciences biologiques, physiques et chimiques au vaste domaine de la géographie.

À ce titre il convient de s'appuyer sur une palette très large d'interrogations, depuis l'environnement physique et les richesses dites naturelles jusqu'à l'organisation sociale, au fonctionnement et à la gestion des milieux, en passant par les peuplements, la mobilité des biens et des personnes, les questions foncières et immobilières, l'urbanisation ou l'aménagement. À ce titre il est utile de lire ou de relire par exemple les deux ouvrages suivants sur la culture géographique :

MARCONIS R., *Introduction à la géographie,* Paris, A. Colin, 1996.

SCHEIBLING J., *Qu'est-ce que la géographie ?,* Paris, Hachette, coll. « Carré », 1994.

La pratique des revues géographiques fondamentales s'impose également, parce que celles-ci apportent régulièrement de manière plus ou moins synthétique les nouveaux acquis de la recherche et de la réflexion géographiques dans les secteurs les plus variés de cette discipline, permettant ainsi de quitter constamment les sentiers battus et de mettre à profit les avancées originales, scientifiquement éprouvées. En ce qui concerne la communauté géographique française, signalons tout particulièrement les *Annales de géographie*, *L'espace géographique*, le *Bulletin de l'Association de géographes français*, *La Géographie* (anciennement *Acta geographica*). Les nombreuses revues universitaires régionales foisonnent par ailleurs en apports d'ensemble et en études de cas.

C. Bien cerner le sujet à traiter

Bien cerner le sujet à traiter signifie avoir préparé au mieux dans son esprit et son contenu la question inscrite au programme. En ce qui concerne celle-ci, nous en avons parlé précédemment.

Traiter un sujet de géographie impose :

- la définition d'une idée directrice, terme auquel est souvent préférée la notion de *problématique,* la première étant d'emblée une affirmation, la seconde, plus nuancée, une interrogation. En géographie la problématique a de toute évidence une dimension spatiale. Elle requiert ainsi une illustration concrétisant le degré de dynamisme exprimé par l'espace considéré, l'illustration étant généralement le croquis et/ou le schéma en tant que supports d'une analyse ou d'une synthèse ;
- la *conceptualisation,* c'est-à-dire une représentation générale et abstraite qui facilite le décryptage des mécanismes conditionnant les actions, les interactions et

les réactions socio-spatiales. Elle met en relief les invariants spatiaux dont la découverte fait progresser la pensée géographique, et dont l'importance pour cette discipline a déjà été relevée avec force par un précurseur tel qu'Élisée Reclus ;
- la *mise en perspective* des phénomènes observés et de leurs répercussions, par la prise en compte des diverses échelles concernées par les territoires étudiés. Cette démarche se préoccupe nécessairement de la complexification des rapports entre les échelles et les espaces qui conduisent aux types d'emboîtements multiples, aux systèmes de relations et aux modèles, le modèle étant, d'après Paul Haggett, une « représentation schématique de la réalité élaborée en vue d'une démonstration ».

D. Le mouvement de la démonstration

Le mouvement de la démonstration se réalise en deux temps. Dans une première phase il s'agit de passer de l'approche du sujet au « plan ». Au cours d'une seconde étape il faut élaborer les *composantes de la dissertation.*

Pour ce qui est de cette seconde phase, et puisqu'il convient de répondre de façon aussi complète et adéquate que possible à une question posée, directement ou indirectement, la démarche est appelée à s'inscrire dans une triple préoccupation :

- poser le ou les problèmes dans l'*introduction* : le correcteur entend percevoir dès l'introduction si le sujet est compris. Aussi faut-il annoncer en toute clarté et sagacité la problématique, les écueils à éviter, les grandes lignes du « mouvement » du devoir ;
- procéder dans le *développement* à la ou aux *démonstrations* : la démonstration conforme au « leitmotiv » choisi, doit être rigoureuse, progressive, sans retours en arrière ou « coq-à-l'âne ». Les exemples sont à intégrer à la démonstration ; chaque fois que cela est possible ils doivent illustrer une typologie, des caractéristiques ou des critères aussi expressifs et originaux que possible ;
- donner la réponse et ouvrir des perspectives dans la *conclusion* : celle-ci ouvre des fenêtres, oriente vers le devenir, justifie l'étude menée dans une optique dynamique, même si les résultats auxquels le candidat a abouti révèlent une cruelle insuffisance de promotion environnementale ou une inquiétante stagnation, économique, socio-culturelle, géopolitique, c'est-à-dire l'annonce d'un déclin auquel il faut porter remède.

Pour faciliter la lecture, les grandes parties du développement doivent être précédées d'un titre, souligné. Cette mesure de clarté ne dispense pas, bien entendu, de la rédaction des indispensables transitions qui, naguère, tenaient lieu à elles seules de passage d'une partie à une autre dans la dissertation littéraire ou philosophique.

E. Présentation et forme

Inutile de répéter ce qui semble évident : *le langage écrit a ses règles* ; il n'est pas identique, dans sa forme et son expression, au langage parlé. Bannissons aussi le style télégraphique, l'écriture illisible et pénible, la remise d'un « chiffon » dans tous les sens du terme. L'orthographe, la correction grammaticale, la syntaxe sont évidemment à respecter, surtout par un candidat-professeur qui entend participer à la formation et à l'éducation de la jeunesse. N'abusons pas des néologismes, surtout lorsqu'ils ne sont pas entrés dans le vocabulaire usuel des géographes. Dans les cas-limites qui ne sont susceptibles de froisser (encore) que quelques correcteurs, ayons recours à des guillemets, comme par exemple pour « idéologisation » ; par contre des termes comme « artificialisation » ou « littoralisation » sont désormais admis couramment.

Le style, nécessairement sobre et concis, doit refléter le souci de précision par le choix des termes adéquats. Si par exemple le candidat affirme que « Paris entreprend de se réconcilier avec son fleuve », lorsqu'il parle des efforts d'aménagement des berges, quais et ponts, de la réalisation d'une promenade continue de neuf kilomètres le long des quais, de la construction de nouvelles passerelles et des transformations effectuées sur la place de la Concorde, il importe qu'il prouve notamment qu'il est judicieux de recourir au terme « se réconcilier avec son fleuve ».

Il convient de *ne pas abuser des citations,* d'autant plus que lors de la rédaction du devoir elles sont nécessairement écrites de mémoire, une mémoire qui n'est pas infaillible. En outre, le travail exigé n'est pas une compilation d'écrits d'auteurs, aussi éminents soient-ils, mais il est appelé à refléter la personnalité propre du candidat. Dans le cas d'un nombre limité et judicieux de brèves citations, le candidat est invité à veiller à placer celles-ci correctement entre guillemets pour bien montrer qu'il ne s'approprie pas la pensée d'une autre personne, mais qu'il tient à s'appuyer sur cette réflexion pour corroborer une affirmation, une nuance ou une négation.

F. Le croquis et le schéma de synthèse

La carte étant *l'outil par excellence du géographe,* il est impensable qu'un candidat-professeur ne soit pas évalué sur ses aptitudes à maîtriser à la fois les méthodes cartographiques et la projection cartographique des représentations des phénomènes spatiaux. La carte sous toutes ses formes — elles sont à présent fort nombreuses, affinées, expressives — est destinée à permettre d'observer, de montrer et de démontrer, de faire ressortir les mouvements majeurs et les mouvements d'accompagnement, de comparer, de justifier et d'infirmer, de conceptualiser et de théoriser, de modéliser, d'entrevoir et de prévoir de nouvelles tendances, de simuler, de concevoir des scénarios… La cartographie, appuyée sur des apports analytiques et typologiques, la combinaison de données qualitatives et quantitatives, doit se traduire en fin de compte par une synthèse dynamique.

La carte donne lieu :
- à la *lecture* topographique ou schématique, par l'identification, l'interprétation, elle-même expression de contrastes, du niveau quantitatif et qualitatif des données, de la mise en évidence des paysages et types de paysages, de la structure des phénomènes en général ;
- au *langage* cartographique : symboles, variables visuelles, mise en place et niveaux d'organisation des données.

La « carte » au sens générique du terme n'est pas uniquement à soigner pour son contenu, mais aussi pour sa forme, sa présentation, sa lisibilité, son expressivité. Le candidat doit donc éviter de la dresser hâtivement, parfois juste à la fin de l'épreuve où, faute de temps, il est acculé à la nécessité de remettre n'importe quelle figure ou n'importe quel schéma.

Un candidat sûr de lui, aux solides connaissances et parvenu au terme d'une préparation méthodique au concours, est supposé être en mesure de construire ce document de synthèse, dès lors qu'il a établi le plan de la dissertation et qu'il est susceptible de « planter le décor » en toute connaissance de cause, reflétant cartographiquement l'essentiel de ce qu'il entend démontrer quantitativement et qualitativement, hiérarchisant à travers le dessin les phénomènes qu'il compte exposer dans leur dynamique, tant spatiale que temporelle.

La conception et la réalisation de la *légende* sont à ce sujet d'une importance capitale. La légende doit être logique et expressive, ordonnée et réduite à quelques phénomènes majeurs qui sous-tendent le sujet et qui permettent à la figure de demeurer lisible. L'idéal serait que les lecteurs de la copie, c'est-à-dire les correcteurs, puissent eux aussi examiner d'abord la carte ou le schéma de synthèse pour se rendre compte de l'intérêt du plan choisi et des réflexions livrées.

Pour conserver à l'exercice cartographique sa pleine valeur, il faut éviter à tout prix toute surcharge et avoir recours, le cas échéant, à l'une ou l'autre représentation particulière, découlant de la démonstration générale, et dressée à une autre échelle, sous forme de complément.

En ce qui concerne la représentation même des rapports hiérarchiques entre les données, des règles rigoureuses déterminent les ordres de grandeur ainsi que l'utilisation des teintes en noir et blanc ou en couleur. Des signes et figurés spéciaux, normalisés, sont prévus pour le tracé des divers types de contours, d'axes de communication, de points structurant l'espace...

La mention de l'*orientation* et de l'*échelle graphique* sont des références indispensables.

Les candidats ont intérêt à rafraîchir leurs connaissances et à approfondir leur savoir-faire en consultant l'un ou l'autre ouvrage général orienté vers la formation cartographique. Parmi les nombreuses publications disponibles relevons par exemple :

PIGEON P., ROBIN M., *Cartes commentées et croquis,* Paris, Nathan, coll. « Fac géographie », 1994.

STEINBERG J., *Cartographie – Télédétection, systèmes d'information géographique,* Paris, SEDES, 2000, 160 pages.

WACKERMANN G., STEINBERG J., *Guide des études géographiques,* Paris, Ellipses, été 2002 (à paraître).

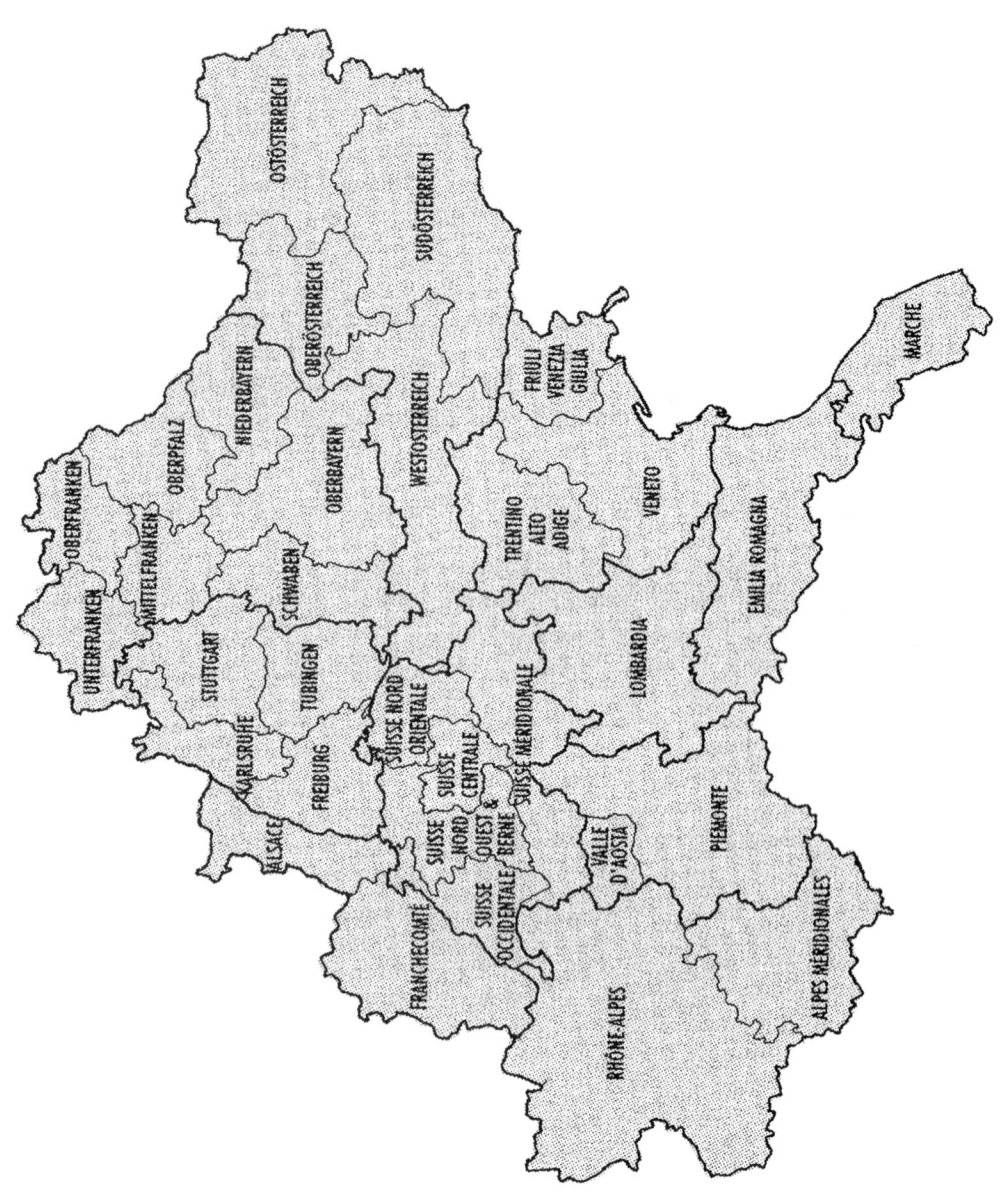

Première partie :
Le cadre général et ses enjeux

Hautes et moyennes montagnes : étude comparative

Anthony SIMON

Conseils méthodologiques

Comme pour tout sujet comparatif, il est formellement déconseillé de dissocier les éléments du sujet, avant d'en dégager les points communs et les différences. Au contraire, il vous est recommandé de souligner des thématiques communes aux termes proposés qui feront les grandes parties et sous-parties du plan, au sein desquelles vous établirez des comparaisons entre hautes et moyennes montagnes.

À l'échelle du globe, les montagnes se présentent comme des milieux témoignant du rôle exceptionnellement puissant des phénomènes naturels, de modes de vie et d'organisations particulières, ainsi que d'économies propres. Les définitions des montagnes reposent avant tout sur une altitude plus élevée et une topographie plus ou moins mouvementée en regard de leurs territoires environnants, aboutissant au phénomène de l'étagement si caractéristique de ces milieux montagnards. Celui-ci découle directement de l'abaissement des températures lié à l'élévation en altitude et présente, du bas vers le haut, un changement d'espèces, un appauvrissement progressif de la végétation naturelle, et, du même coup, la superposition de niveaux aux possibilités agricoles de plus en plus restreintes. Ceux-ci permettent de distinguer trois étages montagnards, faisant se succéder une basse montagne (ou piémont) où les conditions du milieu sont comparables aux plaines, une moyenne montagne marquée par l'altération du climat mais où une saison végétative relativement longue et une agriculture adaptée entretiennent souvent d'abondantes populations, et une haute montagne dont la base correspond à celle de la jachère climatique d'altitude. Les systèmes agricoles possibles y sont très réduits au profit d'une vocation pastorale entretenue par des prairies naturelles aux qualités spécifiques remarquables.

Ainsi, la haute montagne se distingue de la moyenne montagne par une péjoration des conditions physiques, un appauvrissement accentué de la vie, d'où une mise en valeur plus difficile pour les hommes, même si l'étage moyen vit lui-même sous des conditions réellement montagnardes. Les limites altitudinales qui régissent les seuils de différenciation entre la moyenne et la haute montagnes varient surtout en fonction de la latitude, pour augmenter des Pôles aux Tropiques : ainsi, la moyenne montagne commence vers 300 mètres d'altitude au Royaume-Uni, contre 600 mètres dans l'Europe moyenne, 1 000 mètres dans le domaine méditerranéen et plus de 2 000 mètres dans la zone intertropicale. De même, la haute montagne qui débute à partir de 1 500 mètres dans le domaine tempéré, n'apparaît qu'au-dessus de 4 000 mètres sous les Tropiques.

Au total, cette partition des régions de montagne entre deux grands ensembles se révèle d'une grande complexité compte tenu de la diversité des milieux montagnards et des variations altitudinales en fonction de leurs distributions spatiales.

De fait, une analyse comparative des hautes et moyennes montagnes s'attachera à préciser leurs points communs et leurs divergences quant à leurs caractères physiques, leurs organisations spatiales, et leurs activités humaines.

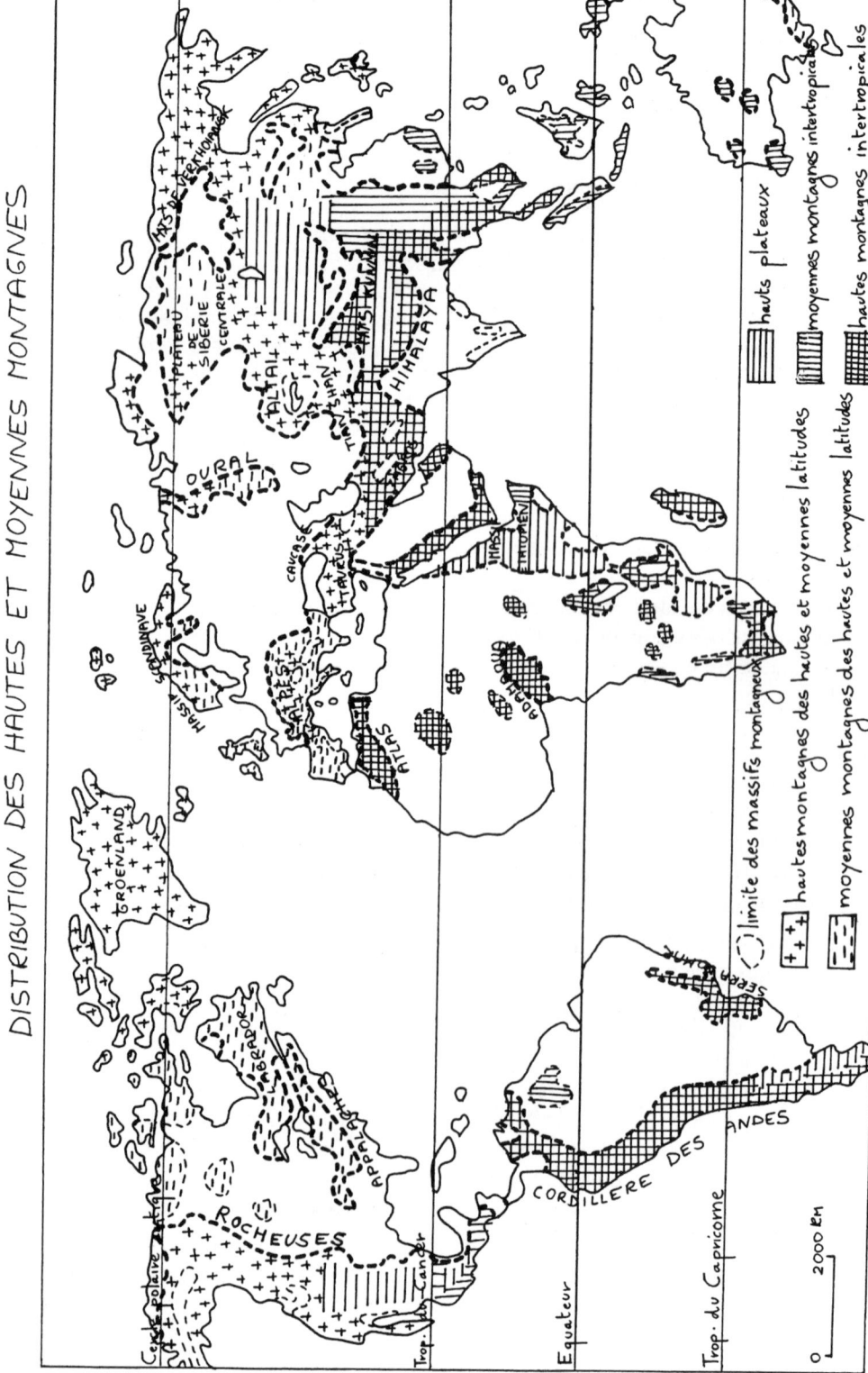

Les hautes montagnes, des milieux exacerbant les caractères physiques des territoires de moyennes altitudes

Les montagnes témoignent en regard des territoires environnants du rôle exceptionnellement puissant des phénomènes naturels découlant d'une altitude plus élevée et d'une topographie plus mouvementée.

- De fait, la haute montagne se caractérise principalement par des altitudes supérieures, d'où une rigueur aggravée des conditions naturelles de la moyenne montagne, elles-mêmes péjorées par rapport au bas pays voisin.

  > Par exemple, la haute montagne alpine est la zone dépassant les 1 300 mètres d'altitude. Bien entendu, dans certaines vallées très profondes, des communes de fond, situées à 1 000 mètres, dominées par des versants très hauts et très raides (Chamonix) peuvent être considérées comme des communes de haute montagne. Enfin, les communes qui s'étagent du fond de la vallée au sommet du versant forment un cas à part et peuvent difficilement être incorporées à telle ou telle zone.

  En revanche, en moyenne montagne, les altitudes sont modérées et restent inférieures à 2 000 mètres dans la zone tempérée, et 4 000 mètres dans la zone intertropicale.

- Les formes du relief des hautes montagnes sont majestueuses avec leurs sommets escarpés, leurs lignes de crêtes déchiquetées et leurs vallées profondes. Elles sont en grande partie héritées de l'érosion des glaciers qui couvraient la quasi-totalité des massifs pendant les périodes froides du Quaternaire.

  En revanche, celles de la moyenne montagne sont lourdes et si, localement, des reliefs escarpés ou de profonds ravins peuvent rappeler la haute montagne, les sommets arrondis l'emportent largement et constituent le trait marquant du paysage.

- De même, plus qu'en moyenne montagne, la haute montagne est le siège d'une érosion intense car la destruction du relief est d'autant plus active que les dénivellations sont importantes : ravinements, éboulements, avalanches, glissements de terrains, sont monnaie courante dans les massifs les plus élevés.

  L'érosion actuelle est le fait de nombreux agents dont beaucoup sont spécifiques des milieux montagnards :
  - une érosion glaciaire, beaucoup plus circonscrite que pendant les glaciations mais qui reste un agent essentiel de façonnement du relief des plus hauts massifs ;
  - une érosion périglaciaire du gel qui fractionne, ameublit les roches et accumule de grands éboulis au pied des versants, et de la neige dont la fonte facilite les mouvements de solifluxion ;
  - une érosion torrentielle qui incise partout la montagne, surtout au moment des crues, et remanie le modelé glaciaire hérité.

  Dans ces conditions, les périphéries des hautes montagnes sont de vastes déversoirs où s'accumulent les dépôts d'érosion que les cours d'eau façonnent en collines plus ou moins marquées : Bas Dauphiné, cône de Lannemezan, etc.

- Enfin, les hautes montagnes accentuent la rigueur climatique de l'étage intermédiaire. La marque du froid devient essentielle, voire hostile à l'homme, résultant de l'abaissement progressif des températures avec l'altitude à raison d'un gradient moyen de l'ordre de 0,5° C par 100 mètres. Elle se manifeste par une plus grande intensité et surtout une plus grande fréquence, le gel étant plus courant en haute altitude qu'en moyenne montagne.

Les hautes montagnes sont également abondamment arrosées du fait de l'altitude qui provoque l'ascendance des masses d'air humide, même si, au-delà d'un certain seuil (4 000 mètres dans les montagnes tropicales), les précipitations tendent à diminuer. Ce surcroît d'humidité est évidemment relatif et le total des précipitations dépend avant tout de la situation zonale.

Un rythme saisonnier de la vie plus marqué dans les hautes montagnes

Le rythme saisonnier de la vie, qu'il s'agisse du passé ou de l'époque actuelle, prend en haute montagne une importance exceptionnelle et davantage accentuée que dans les étages intermédiaires.

- L'été est court, et traditionnellement harassant pour les travaux agricoles qui se concentrent sur trois mois, comme l'exploitation des alpages. De même, la saison touristique ne dure également que deux mois, et pose des problèmes de compatibilité quand les ménages agricoles sont diversifiés vers le tourisme.

   L'hiver, dans le passé, était une longue période d'inaction, (pouvant durer huit mois !), mais, actuellement, dans les hautes montagnes des pays développés, la saison de ski corrige très fortement ce handicap, sur une période allant du 15 décembre à la mi-avril dans les cas les plus favorables.

   Enfin, le printemps et l'automne, sauf pour quelques cas exceptionnels et non encore généralisés (ski de printemps, thermalisme, etc.) restent des saisons terriblement creuses. Cela ne signifie pas que la haute montagne ne soit pas rentable, mais le rythme saisonnier y a été et demeure impérieux. En cela, elle diffère sensiblement de la moyenne montagne et des vallées moins élevées.

- Ce rythme saisonnier explique que la haute montagne soit, par excellence, la zone des grandes migrations saisonnières, beaucoup plus que la moyenne montagne où les migrations définitives l'emportaient souvent sur les mouvements temporaires. Par le passé, les hautes montagnes des pays développés étaient touchées par des migrations rurales saisonnières d'hiver, alors qu'aujourd'hui, elles profitent de migrations ascendantes d'employés d'hôtel, de commerces et de remontées mécaniques, et des touristes fréquentant les stations de sports d'hiver.

   Par extension, la haute montagne est par excellence le domaine des migrations saisonnières d'habitat avec, d'une part, les traditionnels chalets d'alpages et les refuges, et, d'autre part, les résidences secondaires des citadins.

- Enfin, ce rythme saisonnier explique logiquement le déséquilibre démographique des hautes montagnes caractérisées par le faible pourcentage de la population vraiment permanente, et une structure démographique marquée par un vieillissement des habitants à l'année, et la part importante de célibataires.

Une meilleure adaptation de la haute montagne à l'économie moderne

L'adaptation de l'homme au milieu d'altitude s'est faite en trois phases aux impacts inégaux selon la moyenne ou la haute montagne.

- Ainsi, jusqu'au second tiers du XIXe siècle, l'adaptation spécifiquement montagnarde aboutit à un équilibre précaire marqué par l'isolement et l'autarcie. Les conditions n'ont pas été plus sévères en haute qu'en moyenne montagne. De fait, grâce à une utilisation intense des alpages, à des migrations multiples en hauteur, à des défrichements héroïques sur les sommets des versants, et l'importance des biens collectifs, les hommes de la haute montagne, s'ils ont souffert de la pénurie de céréales, ont trouvé des compensations dans les produits de l'élevage.

  Dans les périodes de pression démographique, de nouveaux défrichements étaient entrepris ou on émigrait davantage. L'introduction de la culture de la pomme de terre, bien adaptée à la haute montagne, apporta un bienfait incontestable et contribuera au maximum démographique de la seconde moitié du XIXe siècle.

- Puis, de la fin du XIXe siècle jusqu'à la Seconde Guerre mondiale, les nouvelles conditions défavorisent les montagnes : d'une part, les chemins de fer et le développement de la houille blanche ne profitèrent qu'aux vallées tandis que, par ailleurs, ils contribuèrent, par le jeu de la concurrence, à détruire l'ancienne métallurgie et l'artisanat montagnards. D'autre part, la révolution agricole qui s'était opérée dans les plaines accentua l'infériorité de la haute montagne qui ne pouvait bénéficier d'aucune des conquêtes fondamentales améliorant leurs systèmes agricoles. Surtout, son élevage était remis en question par le développement rapide des troupeaux des basses terres. Au total, faute d'adaptation spécifique des montagnards à la nouvelle donne économique, l'exode a vidé peu à peu les montagnes de leurs habitants en surnombre.

  Pourtant, dans cette seconde phase, les hommes de la haute montagne ont résisté beaucoup plus longtemps à l'exode que ceux de la moyenne montagne, grâce précisément à leur élevage et en vertu d'une certaine lenteur dans les réactions, ainsi que d'une prise de conscience à retardement.

- Ce n'est qu'à partir du milieu des années 30 que s'esquisse, pour la haute montagne des pays industrialisés, une nouvelle adaptation à l'économie contemporaine, avec la généralisation des congés payés, la construction de grandes routes touristiques, la vulgarisation du ski, et l'amélioration des méthodes d'élevage. Le tournant intervient dans l'après-guerre avec le développement d'une économie de loisirs en altitude pour la pratique des sports d'hiver. Le développement prodigieux du ski en Europe et en Amérique du Nord apparaît désormais comme l'un des éléments majeurs de l'économie des Alpes, des Pyrénées, et des Rocheuses. La haute montagne en est la principale bénéficiaire parce que cette nouvelle forme d'économie correspond au mieux à son rythme saisonnier : elle constitue un moyen de remédier à la longue saison morte de l'hiver, et les paysans, au lieu d'émigrer, même s'ils ne se transforment pas d'eux-mêmes en hôteliers, peuvent l'hiver être employés dans les stations de ski. Ainsi a pu s'établir dès les débuts, une symbiose entre l'activité rurale et l'activité touristique.

Désormais, la disparité est grandissante entre les régions touristiques et celles qui sont demeurées uniquement rurales, et le fossé se creuse entre haute et moyenne montagne. C'est que l'image touristique de la montagne se réduit la plupart du temps à la chaîne alpine et ses stations célèbres, la moyenne montagne, peu connue, étant davantage assimilée à l'espace rural en général qu'à des hautes terres. Quel que soit le pays considéré, elle souffre d'une mise à l'écart engendrée par les trois marqueurs essentiels du tourisme contemporain : sites (naturels et culturels), soleil (associé à la mer), et neige (synonyme de ski alpin). Surtout, la reproduction des modèles inspirés de la haute montagne, la volonté de développement du ski alpin, n'ont pas redoré le blason des massifs de moyenne altitude. Pas assez élevées ou trop méridionales, leurs stations peu enneigées se cantonnent dans une clientèle de proximité, et soulignent ainsi les erreurs d'un choix de développement d'origine extérieure.

*
* *

En somme, la comparaison entre les hautes et les moyennes montagnes du globe aboutit sur un paradoxe : alors que les hauts reliefs sont les plus difficiles pour l'occupation humaine, la rudesse de leur nature imposant un étagement et une saisonnalité de la vie et des activités économiques davantage marqués qu'en moyenne montagne, ce sont eux qui s'adaptent le mieux à l'économie contemporaine, avec, pour certains secteurs, la mise en place réussie de stations de sports d'hiver répondant au développement prodigieux du ski depuis les années 50. En revanche, malgré de réelles potentialités et une nouvelle configuration de la demande, les moyennes montagnes demeurent marginales sur l'échiquier touristique des pays industrialisés. Leur développement est gêné par la faiblesse des ressources économiques et humaines, l'enclavement, et surtout une mauvaise image de marque. Elles semblent au mieux une périphérie par rapport aux autres que sont les grands foyers touristiques littoraux, urbains, ou de sports d'hiver.

Cependant, cette évolution menant à terme à l'intégration des montagnes au sein des mécanismes de l'économie du tourisme et des loisirs, implique une disparité grandissante entre les régions déjà fécondées par le tourisme et les autres demeurées uniquement rurales. En conséquence, un des moyens d'éviter la rupture entre la spéculation rurale et l'activité touristique, et de créer une véritable complémentarité entre les montagnes à l'échelle de l'économie contemporaine, sera de promouvoir les productions issues d'une agriculture de qualité et valorisée en regard de celle des bas pays environnants.

L'eau en montagne

Anthony SIMON

Conseils méthodologiques

L'étude d'un élément naturel, l'eau, centrée sur un champ géographique déterminé, en l'occurrence la montagne, doit prendre en compte les aspects physiques et humains du phénomène. Vous devez donc montrer en quoi la montagne amplifie la présence de l'élément liquide, puis envisager toutes les facettes de son exploitation par l'homme. Bien entendu, même si cela mériterait une dissertation à part entière, une partie de votre analyse reposera sur les précipitations solides, c'est-à-dire la neige, sans toutefois trop développer les sports d'hiver pour ne pas vous écarter du sujet.

D'une façon générale, les montagnes sont des régions humides car plus arrosées que les bas pays qui les encadrent par suite de l'augmentation des précipitations avec l'altitude. De même, la majorité des fleuves et de nombreuses rivières prennent leurs sources en montagnes, qui en tant que véritables châteaux d'eau, fournissent une grande partie de la ressource en eau du globe. D'ailleurs, les cours d'eau qui drainent les montagnes alimentent les régions situées en aval, et leur rôle est capital dans les espaces arides et semi-arides de l'Asie de l'Ouest, d'Amérique latine, du Moyen-Orient et d'Afrique (Égypte). Même dans les régions tempérées, les montagnes alimentent la majorité des habitants en eau potable.

C'est dire que l'eau, ressource naturelle de première importance, attribue aux montagnes une place déterminante dans l'organisation des territoires, d'où l'intérêt d'analyser leur rôle face à l'élément liquide.

– Il s'agit d'abord de préciser l'accroissement des précipitations et de l'enneigement avec l'élévation en altitude, afin d'estimer la place des montagnes en tant que réserves d'eau douce. Or, ce surcroît d'humidité est à relativiser car on trouve des montagnes bien arrosées et des montagnes sèches. De plus, l'excès d'humidité peut se révéler préjudiciable aux cultures mais favorise davantage l'herbe et le bois.

– L'utilisation de l'eau en montagne se fait principalement pour la production d'hydroélectricité. Dans ce sens, de nombreux sites favorables par leur dénivelés et le débit de leurs cours d'eau ont été aménagés avec des barrages, des lacs de retenue, et des conduites forcées.

– Surtout, avec l'extension des sports d'hiver, la neige est devenue une ressource désormais primordiale dans l'économie de nombreuses régions montagnardes équipées en stations de ski. Longtemps considérée uniquement comme un facteur d'isolement et de catastrophes naturelles (avalanches), la neige est devenue synonyme « d'or blanc » dans les hautes montagnes fréquentées par les skieurs des pays développés (Alpes, Rocheuses).

*
* *

Des régions plus humides et arrosées que les bas pays encadrants

D'un point de vue hydrologique, les montagnes, bien que représentant l'origine d'une grande majorité des ressources en eau du globe, restent moins bien connues que d'autres régions géographiques. Il en résulte des données moins fiables et précises mais permettant néanmoins de se rendre compte de l'accroissement des précipitations avec l'altitude.

▶ Globalement, le transport de vapeur d'eau dans l'atmosphère et la formation des précipitations sont à l'origine d'une répartition très inégale de celles-ci et donc des ressources en eau des continents, à l'exception des régions intertropicales. Les grandes différences de précipitations sont causées par des mouvements ascendants des masses d'air humide dans les cellules de circulation atmosphérique. Conjointement à la formation des précipitations dans les systèmes de front, les pluies d'origine orographique en région montagneuse constituent assurément des processus clé dans la répartition des ressources en eau à grande échelle.

Ainsi, le volume d'eau reçu augmente avec l'élévation en hauteur, mais la relation exacte entre précipitation et altitude varie énormément d'une montagne à l'autre, en fonction de l'humidité et de la température de l'air, du degré de la pente, des mécanismes en action, et de beaucoup d'autres facteurs comme la période de l'année. On estime ainsi que le gradient pluviométrique varierait entre 0,05 mm et 7,5 mm d'eau par mètre pour l'augmentation des précipitations totales annuelles avec l'altitude sur les versants exposés au vent.

> Les totaux annuels peuvent être considérables. Dans les Alpes et les Dinarides, les précipitations dépassent souvent 2 mètres et atteignent parfois les 4 mètres annuels. Face aux grands vents d'Ouest, les Alpes néo-zélandaises, les chaînes alaskiennes, et la Patagonie chilienne reçoivent 4 à 6 mètres d'eau par an !

Enfin, dans ces régions de montagne, la densité des nuages joue un rôle déterminant dans l'accroissement de l'humidité, en humidifiant la couverture foliaire des arbres, et en limitant la pénétration des radiations, ce qui diminue l'évapotranspiration. De fait, il semble logique de supposer que l'évaporation décroît avec l'altitude, avec des gradients différents selon les massifs considérés. Ainsi, dans les Alpes, la diminution est comprise entre 0,07 mm et 0,36 mm par mètre pour l'évaporation totale annuelle.

▶ La distribution des pluies en montagne est très variable en fonction de l'exposition du versant et de la position à l'intérieur du massif. Certes, les versants sous le vent présentent normalement des gradients pluviométriques moins forts et il peut exister d'importantes zones sans pluie.

> – De fait, le rôle de barrières climatiques joué par les chaînes est important, surtout lorsqu'elles s'opposent de front aux perturbations. Par exemple, sur la façade occidentale de l'Alaska, Yakutat reçoit 4 320 mm d'eau annuels, alors qu'à 175 km de là, sur le piémont nord-est, Kluane ne reçoit que 380 mm. Ces contrastes sont accusés par des vents descendants secs et chauds comme le chinook des Rocheuses septentrionales : ils ont abandonné leur humidité sur le versant au vent, mais ont récupéré la chaleur de condensation. Des effets comparables créent le foehn alpestre et le vent d'Espagne des Pyrénées.

- Dans la zone intertropicale humide, les montagnes exacerbent les effets de la mousson et des alizés. Les 13 mètres de précipitations annuelles de Tcherrapoundji sont liés à l'ascendance de la mousson sur les contreforts de l'Assam. De même, face à l'alizé, le versant occidental de la Guadeloupe reçoit 8 mètres d'eau à 800 mètres d'altitude, au lieu de 1,2 mètre au niveau de la mer. Dans ces milieux montagnards équatoriaux, éclate l'opposition entre versant au vent et versant sous le vent : aux îles Hawaii, le contraste irait de 12 mètres de précipitations au nord-est à 500 mm au sud-ouest.

▶ En conséquence, dans la majorité des chaînes de montagnes, les habitants sont soumis à des risques issus des excès de l'hydrologie. Dans les massifs les plus arrosés, les crues sont fréquentes. Elles sont causées par différents phénomènes comme de fortes pluies dans un laps de temps très court, la fonte des neiges saisonnière, ou la débâcle d'un lac de glacier. Il en résulte d'une part, des dégâts majeurs occasionnés dans les fonds de vallées les plus occupés par les hommes, et, d'autre part, l'aménagement de grands barrages servant de réservoirs de protection mais aussi susceptibles de produire de l'énergie hydroélectrique.

Une réserve d'eau primordiale et une source d'énergie électrique renouvelable et à bon marché

▶ Les territoires recouverts par de grandes surfaces montagneuses bénéficient généralement de réserves en eau douce importantes, stockées naturellement sous forme de neige et de glace. Les fleuves et rivières qui drainent les montagnes transportent une partie de ces ressources liquides dans les bas-pays voisins, d'où une dépendance vis-à-vis des hauteurs et la nécessité de les contrôler pour assurer son approvisionnement en eau potable.

Ainsi, les observations montrent clairement que les montagnes interviennent pour une grande part dans les débits totaux annuels des rivières et des fleuves.

- Par exemple, de par sa position centrale au sein de l'Europe et son relief montagneux provoquant d'importantes précipitations, la Suisse incarne un château d'eau pour ce continent. Le pays reçoit en moyenne près de 1,5 mètre d'eau par an (environ 60 km^3 d'eau) qui alimentent quatre fleuves principaux d'Europe : le Rhin, le Rhône, le Danube et le Pô. Ceux-ci et de nombreuses rivières transportent environ les deux-tiers de cette eau dans les pays voisins : France, Allemagne, Autriche, Italie, puis vers les autres contrées des bassins du Rhin et du Danube.

  De plus, on estime que 130 km^3 d'eau sont stockés dans les lacs et les roches, et 75 km^3 supplémentaires dans les glaciers. Ils représentent un volume suffisant pour maintenir le débit actuel des rivières pendant au moins cinq ans en l'absence de toute précipitation.

- De même, beaucoup de régions soumises à l'aridité sont étroitement dépendantes de ressources en eau qui proviennent des montagnes. Parmi celles-ci, on peut citer l'Asie centrale comprise entre la mer Caspienne, la mer d'Aral et la plaine touranienne, où les conditions climatiques extrêmes se traduisent par des précipitations inférieures à 500 mm par an, dont une grande partie est perdue par évaporation. Dans ce contexte, le rôle des cours d'eau provenant des montagnes est essentiel pour la consommation courante et l'irrigation (Amou-Daria, Syr-Daria, Tarim, etc.).

  Il en est de même dans le grand désert de la péninsule arabique avec des rivières originaires des montagnes du Yémen et de l'Oman, dans les plaines arides du Pakistan traversées par l'Indus, avec le Nil en Égypte, les rivières des Rocheuses qui alimentent les

> plaines de l'Ouest, ainsi qu'en Amérique du Sud avec les rivières andines qui arrosent les régions sèches au sud de l'Argentine et au nord du Chili et du Pérou...

▶ L'abondance des débits et la vigueur des pentes font de la montagne un réservoir naturel d'énergie. Mais cette aptitude est modérée par l'étroitesse des bassins d'altitude et les régimes glaciaires ou nival trop contrastés, qui ont imposé des solutions techniques originales.

C'est à la fin du XIXe siècle qu'apparaissent, dans les Alpes, les conduites forcées destinées à amener l'eau des rivières sous pression jusqu'aux centrales des fonds de vallées où elle sera transformée en énergie hydromécanique puis hydroélectrique, dont les applications franchiront bientôt les frontières du massif pour se répandre dans toutes les autres régions montagneuses du globe.

> Ainsi, la première installation hydroélectrique sur conduite forcée est créée à Lancey (Grésivaudan) en 1869, sous une chute de 200 mètres. On tend ensuite à un aménagement intégral en établissant un escalier d'usines de haute chute, comme dans les vallées d'Aspe et d'Ossau dans les Pyrénées, la Romanche, la Maurienne et la Tarentaise dans les Alpes du Nord, le Tessin et l'Adda sur le versant sud des Alpes.

Puis, avec le développement parallèle des industries électriques, les conditions allaient provoquer la prodigieuse expansion de la houille blanche s'accompagnant d'une domestication de l'eau montagnarde. Tel est le rôle des grands barrages implantés à l'amont de larges vallées, permettant de corriger l'irrégularité des débits de cours d'eau montagnards comme le Drac, la Romanche, ou l'Isère dans les Alpes du Nord, et la Dixence dans le Valais suisse. Dans ce dernier cas, la concentration des débits dans le barrage d'altitude de la Grande Dixence se fait par une centaine de km de galeries conduisant 400 millions de m^3 venus de cours d'eau voisins.

> L'hydraulique est une importante source d'énergie dans les pays de montagne comme la Suisse, la Norvège et le Canada.
>
> – Par exemple, les capacités énergétiques de la Suisse sont de 15 500 MW, dont 75 % sont d'origine hydraulique. De plus, environ 70 % de cette hydroélectricité est produite par les cantons de montagne (Glaris, Grisons, Oberwalden, Schwyz, Tessin, Uri, Valais), qui contrôlent eux-mêmes les aménagements des cours d'eau et la production énergétique.
>
> – Au Canada, en Colombie britannique, la transfusion des eaux du versant oriental des Rocheuses par galeries vers la centrale de Kemano permet d'installer une puissance de 1,5 gigawatt.
>
> – En France, plusieurs décennies de grands travaux ont permis à l'entreprise publique EDF de constituer un immense réservoir et une forte capacité de production, notamment dans les montagnes de l'hexagone. Par exemple, avant le choix du nucléaire, de grands barrages sont aménagés dans les Alpes, tels ceux de Tignes, Serre-Ponçon, Roselend, ou Monteynard, contribuant largement à la production hydroélectrique française, qui couvrent la moitié des besoins du pays en 1962, contre 17 % aujourd'hui.
>
> Ainsi, Serre-Ponçon, sur la moyenne Durance, emmagasine 1,2 milliard de m^3 et permet l'aménagement hydroélectrique et agricole de toute la vallée.

Au total, la production hydroélectrique de montagne présente de multiples avantages, en particulier un faible coût d'exploitation et une production accrue aux heures de pointe, mais elle se heurte également à de nombreuses limites. Ainsi, dans les massifs européens, le potentiel est presque déjà totalement équipé ; ailleurs, les investissements à consentir sont de plus en plus lourds en dépit d'un potentiel inemployé (Rocheuses,

Sibérie, Himalaya). De plus, l'hydroélectricité n'est plus un facteur de localisation pour les industries grosses consommatrices de courant car les progrès dans le transport de l'électricité ont rapidement mis fin au monopole montagnard.

La neige, une ressource de première importance pour les sports d'hiver

Dès que l'altitude est suffisante pour amener le froid, la montagne est marquée par l'abondance de la neige qui peut tomber à raison de plusieurs mètres par an et couvrir le sol plusieurs mois. Le phénomène concerne moyennes et hautes montagnes aux latitudes tempérées, mais beaucoup plus faiblement la montagne tropicale, sinon à très haute altitude.

▶ L'épaisseur et la durée du manteau neigeux augmentent avec l'altitude, et c'est la masse de neige, et non le froid, qui impose une limite à l'installation de l'habitat humain.

- Dans les Alpes du Nord, le nombre de jours de neige est quatre à dix fois plus grand à moyenne altitude que dans les basses vallées. La hauteur des chutes cumulées peut être estimée à 10 mètres de neige fraîche par an, total qui serait porté à 30 ou 50 mètres sur les sommets. L'épaisseur des chutes est ainsi de l'ordre de 10 mètres au Tour, dans la vallée de Chamonix à 1 400 mètres d'altitude, de 20 mètres au Santis (2 500 mètres), et de 47 mètres au sommet du Mont-Blanc (4 807 mètres).
- De même, dans l'Oberland bernois, vers 3 500 mètres, presque toutes les précipitations tombent sous forme solide, atteignant des valeurs cumulées de 35 mètres de neige fraîche, correspondant à 3 mètres de précipitations liquides.

La durée moyenne du manteau neigeux dépend avant tout de la régularité du froid hivernal, donc de l'altitude.

Ce long enneigement a été pour les montagnards un lourd handicap jusqu'à la révolution du ski. Autrefois « mort blanche », facteur d'isolement et de difficultés, la neige est devenue « or blanc » avec l'essor des sports d'hiver principalement au niveau de la haute montagne.

▶ De fait, la grande révolution de l'économie montagnarde est celle du ski et du tourisme de masse. Désormais, au-dessus de la limite supérieure de la forêt, dans un milieu qui semblait les exclure, jaillissent, non pas des villes, mais des habitats collectifs spécialisés dans l'organisation des loisirs, pourvus de l'essentiel des équipements urbains, souvent luxueux, et fréquentés par une clientèle internationale.

Jusqu'au lendemain de la Seconde Guerre mondiale, ce tourisme lié à la neige reste ponctuel, et localisé dans quelques massifs comme le Mont-Blanc (Chamonix, Saint-Gervais, Courmayeur), les Alpes Pennines (Zermatt, Saas-Fee), l'Oberland bernois (Interlaken, Grundelwald, Wangen), les Grisons (Davos, Saint-Moritz), ou les Dolomites (Cortina d'Ampezzo).

Puis, à partir des années 50, les montagnes européennes et nord-américaines connaissent un vigoureux essor touristique, et, en haute montagne, la saison d'hiver devient primordiale. Certaines stations sont alors fondées de toute pièce dans les alpages, pour assurer un enneigement régulier et garantir une saison de sports d'hiver de durée maximale. Il s'agit des stations dites « intégrées » typiques des Alpes françaises, en particulier celles de la Tarentaise, qui imposent un véritable urbanisme de masse à la haute montagne (La Plagne, Les Arcs, Val Thorens, etc.). De fait, certaines moyennes montagnes ont voulu suivre ce modèle alpin de l'hiver, mais la réussite n'a pas toujours été au rendez-vous, en raison d'un enneigement parfois limité et d'une forte concurrence des massifs plus hauts ou mieux placés par rapport à la clientèle.

*
* *

L'importance dont bénéficient les montagnes pour la ressource en eau provient essentiellement des précipitations plus abondantes qu'ailleurs dues à la stagnation des masses d'air humides au-dessus des reliefs. Une partie de ces précipitations tombe sous forme de neige aux altitudes élevées et son accumulation aboutit à la constitution de glaciers lorsque les conditions de transformation de la neige en glace sont favorables.

De par leurs reliefs, les montagnes présentent trois caractéristiques hydrologiques particulières : elles assurent un stockage temporaire de l'eau sous forme de neige ou de glace qui assure, lors de la fonte, le plus grand volume d'eau apporté aux rivières, et, dans certaines régions, le plus grand volume pour la recharge en eau souterraine ; elles retiennent l'eau dans des lacs naturels ou des réservoirs artificiels afin de permettre la production d'énergie, le contrôle des crues, et un approvisionnement en eau en aval ; enfin, l'énergie potentielle des cours d'eau peut être utilisée en vue de produire également de l'électricité, un certain nombre de pays comme la Norvège, la Suisse et le Canada fabriquant la plus grande part de leur électricité de cette façon.

En conséquence, devant l'exploitation croissante de leurs ressources hydrauliques, les montagnes devraient voir leurs capacités de réponse à la demande en eau se réduire dans les années à venir. Autrefois utilisée pour la sylviculture, l'agriculture et l'extraction minière, aujourd'hui exploitée pour les besoins de zones habitées, de l'agriculture irriguée, de la grande industrie et surtout pour les activités liées au tourisme, cet élément naturel sera à l'avenir l'un des grands enjeux de la géopolitique mondiale, et les montagnes seront soumises aux pressions internationales en vue de la maîtrise des réserves en eau d'altitude.

L'eau en montagne

La montagne château d'eau

Pierre THOREZ

Les montagnes perturbent la circulation atmosphérique. Elles provoquent des ascendances orographiques qui génèrent nébulosité et précipitations. En altitude ces dernières sont à caractère neigeux. À une altitude qui varie en fonction de la latitude se forment des glaciers. À l'écoulement pluvial s'ajoute un écoulement différé conséquence de la rétention nivale et glaciaire. Les ressources en eau sont généralement plus abondantes que dans les dépressions de piémont. Les cours d'eau apportent des quantités appréciables que les sociétés cherchent à mettre en valeur. Les montagnes fournissent l'eau d'irrigation et l'énergie hydraulique. Le partage, la maîtrise et la régulation de l'eau sont des enjeux importants.

1. L'eau dans les montagnes

Les montagnes reçoivent plus de précipitations que les régions qu'elles dominent. La station météorologique de Tcherrapundji, sur les premiers contreforts de l'Assam atteint le record de 14 mètres par an. Les précipitations dépassent 2 000 mm sur les massifs des Alpes du nord et sur le Mercantour soit deux à trois fois plus que dans le Bas Dauphiné ou à Nice. La chaîne axiale du Caucase reçoit plus de 3 000 mm dans sa partie occidentale et plus de 1 000 mm dans sa partie orientale alors que les piémonts reçoivent respectivement environ 1 000 mm et moins de 400 mm. Le rapport est du même ordre. Les parties les plus arrosées sont les versants et les chaînes situés au vent à des altitudes comprises entre 2 000 mètres et 4 000 mètres. Plus haut, l'air plus froid en permanence contient pour cette raison moins d'humidité et les précipitations diminuent sensiblement. Le régime saisonnier des précipitations est identique à celles des régions localisées en contre bas. Toutefois l'été est toujours plus fréquemment arrosé. La métaphore du château d'eau est née de l'importante pluviométrie et des apports dans les régions basses par les cours d'eau issus des régions de montagne.

La pluie

Une partie des précipitations se fait sous forme de pluies. Les coefficients d'écoulement sont élevés. L'eau s'écoule d'autant plus rapidement que les pentes sont raides. Lorsqu'elle dévale les pentes elle n'est guère récupérable sauf lorsque des retenues sont aménagées dans les vallées. La quantité d'eau qui s'infiltre varie naturellement suivant la perméabilité des roches. Les régions karstiques ralentissent considérablement l'écoulement superficiel. Elles peuvent contenir d'importantes réserves. Le coefficient d'écoulement varie de plus en fonction du couvert végétal. Il est plus élevé dans les montagnes sèches. D'un massif à l'autre les conditions sont donc variables et seule la construction de réservoirs permet d'augmenter la proportion de l'eau « utile ».

La neige

Une proportion des précipitations qui s'élève avec l'altitude se produit sous forme de neige. Les précipitations neigeuses à une altitude inférieure à celle des neiges éternelles forment un manteau qui restitue l'eau au moment de la fusion printanière. Dans les régions méditerranéennes et semi-arides les écoulements d'alimentation nivale ont l'avantage de se situer au printemps au moment où les cultures en ont besoin. Cet avantage disparaît dans les régions tropicales où la fusion survient en même temps que la saison des pluies. Une telle conjonction peut se produire dans les régions boréales. Des pluies très abondantes se sont abattues au mois de mars 1987 sur le Caucase géorgien au moment de la fusion des neiges ce qui a provoqué de graves inondations, de nombreux glissements de terrain, des laves torrentielles (les sels) et au bout du compte peu d'eau mise en réserve malgré un hiver bien enneigé.

Les glaciers

Au-dessus d'une certaine altitude, fonction la latitude et de l'exposition, 3 500 mètres dans les Alpes, 4 000 mètres dans le Caucase, 4 500 mètres dans le Tian Chan, 5 200 mètres dans l'Himalaya, se forment des glaciers. Leur superficie dépasse 8 000 km^2 dans le Pamir. La fusion est plus tardive que celle de la neige. Elle se produit en été, principalement en juillet et août. L'écoulement atteint son maximum lors des mois les plus secs de l'année dans les Alpes du sud, dans le Caucase, dans les montagnes de l'Asie centrale, dans l'Atlas. Cette eau précieuse a été utilisée.

Les régimes torrentiels et les volumes écoulés

L'alimentation des torrents cumule les apports pluviaux, nivaux et glaciaires. Plus le régime est complexe, plus la durée des hautes eaux s'allonge. C'est en général le cas des grands cours d'eau issus des montagnes, comme le Rhône, le Pô, le Syr Daria et l'Amou Daria. Les cours d'eau d'alimentation pluvio-nivale du bassin méditerranéen peuvent quant à eux se retrouver en étiage, voire même à sec au cœur de l'été.

Débit mensuel moyen du Vakhsh à Toutkaoul en m^3/seconde[1]

janv.	févr.	mars	avril	mai	juin	juil.	août	sept.	oct.	nov.	déc.	année
183	180	232	481	874	1 232	1 693	1 444	741	352	257	213	657

Quatre types de régimes fluviaux existent en Asie centrale : glacio-nival, nivo-glaciaire, nival et nivo-pluvial. Comme celui de tous les grands cours d'eau d'Asie centrale, le régime du Vakhsh est glacio-nival, avec un faible apport pluvial en automne. Le maximum d'eau s'écoule pendant l'été sec et ses eaux avec celles du Piandj forment l'Amou Daria, qui se perd dans la mer d'Aral au cœur des déserts du Turkestan. Au sortir de la montagne il écoule 79 km cube d'eau annuellement. Son voisin le Syr Daria 38 km^3. Ils sont vitaux pour la vie des oasis de piémont.

Le Caucase fournit chaque année environ 70 km^3. Les torrents du Caucase central, Kouban, Baksan, Térek au nord, Rioni, Ingouri au sud ont un régime nivo-glaciaire. À eux seul ils écoulent 50 km^3 annuellement. Les cours d'eau des extrémités occidentale et orientale ont leur période de hautes eaux au printemps, avec la conjonction de la fusion nivale et des précipitations.

---

1. D'après SHULTS, *Reki srednej Azii*, Gidrometeoizdat Leningrad, 1965.

2. L'Utilisation des eaux de la montagne

L'utilisation des eaux de la montagne se partage en deux grandes catégories : l'exploitation des ressources à l'intérieur de la montagne, et leur usage dans les régions extérieures. Au fur et à mesure la seconde catégorie est devenue largement prédominante.

Les sources

Nombreuses elles sont largement exploitées pour les besoins des montagnards. Parmi celles qui ont des vertus minérales, soit qu'elles sont très pures, soit inversement qu'elles sont fortement minéralisées et possèdent des vertus médicinales, les plus aisément accessibles ont donné naissance à une industrie de mise en bouteille, voire à la création d'un centre de thermalisme.

Dans les montagnes sèches, la présence des sources a été un élément de localisation des villages.

Les canaux de dérivation intramontagnards

Pour irriguer les champs, pour installer des moulins hydrauliques, les montagnards ont depuis des temps ancestraux construit des canaux de dérivation à partir des torrents, en réservant l'eau des sources à l'usage domestique. De tels canaux existent non seulement dans les montagnes sèches (Pamir, Tian Chan, Hindou Kouch, Caucase oriental), mais aussi dans celles qui sont bien arrosées, comme les Alpes du nord ou le Caucase occidental. L'écoulement se fait par gravité jusqu'aux parcelles. Le contraste est frappant dans les régions sèches entre le versant rocailleux au-dessus du canal et les champs ou prairies verdoyants en contre bas. Parfois le captage se fait à l'aide de norias (tchiguir en Asie centrale). Les systèmes anciens d'irrigation couvrent quelques dizaines à quelques centaines d'hectares. Les canaux ne dépassent pas une dizaine de kilomètres de long.

Les grands aménagements

Les sociétés qui se sont industrialisées et urbanisées ont fait croître leurs besoins en eau et en énergie. À la fin du XIXe siècle a commencé l'ère des grands aménagements pour faire face à ces besoins. Les ressources des régions de montagne, perçues comme des pourvoyeuses d'approvisionnement ont été exploitées au profit des régions basses plus qu'à celui des populations montagnardes. Parfois l'intérêt général a néanmoins coïncidé avec l'intérêt local ou régional.

De grands barrages ont été édifiés. Leur finalité est généralement multiple. La régularisation des écoulements et la formation de lacs de retenue sert aussi bien pour l'eau destinée à la consommation urbaine, industrielle et agricole, qu'à l'alimentation des usines hydroélectriques. Ainsi le barrage de Serre-Ponçon sur la Durance a donné naissance à un volumineux réservoir qui assure en aval la pérennité de l'alimentation du canal de Provence qui ravitaille aussi bien la région marseillaise que Toulon. Les réservoirs de Kaïrakkoum sur le Naryn, partie amont du Syr Daria ou de Tchirkeï au Daghestan ont les mêmes fonctions. Le premier alimente les canaux d'irrigation de la Steppe de la Faim, le second le grand canal qui irrigue le littoral caspien. La production d'électricité a été associée à tous ces ouvrages. Certains barrages ont avant tout une fonction énergétique, comme le barrage de l'Ingouri en Géorgie dont la centrale a une puissance de 1,6 millions de kilowatts ou l'immense ouvrage de Nourek au Tadjikistan sur le Vakhsh d'une puissance de 3 millions de kilowatts. Le potentiel hydroélectrique de l'Asie centrale, dans le Tian Chan et le Pamir est estimé à 75 millions de kilowatts dont 14 millions pour le Vakhsh, celui du Caucase à 34 millions de kilowatts. La décision d'ennoyer des vallées ne provoque pas d'états d'âme chez les décideurs... Souvent des aménagements complexes ont été réalisés. Dans les Alpes du nord notamment, des systèmes intégrés tels celui de Roselend-La Bathie associent des réservoirs d'altitude à des captages et à des galeries souterraines entre des bassins versants différents. Elles se terminent par des conduites forcées sur des dénivellations de plus de 1 000 mètres qui augmentent la puissance de centrales situées dans les vallées (500 000 kw à La Bathie).

Les canaux à grand débit dans la vallée de la Durance en aval de l'ouvrage de dérivation de La Saulce, ont permis de développer l'arboriculture. Les aménagements hydrauliques ont transformé l'Asie centrale. Les eaux de l'Amou Daria, du Syr Daria, de la Tchou alimentent un réseau hiérarchisé de canaux de plus de 500 000 km de long, jalonnés de dizaines de réservoirs d'une capacité de stockage de 60 milliards de mètres cubes dans le seul Ouzbékistan où la surface irriguée s'étale sur 4,5 millions d'hectares. L'essentiel de cette superficie porte la culture du coton dont l'exportation procure chaque année plus de la moitié des devises du pays.

Les équipements ont un rôle vital dans ces régions arides ou semi-arides. Ils favorisent le développement de cultures de rapport dans les régions sèches. Mais la modification des équilibres naturels n'est pas sans poser de sérieux problèmes.

3. Maîtrise et gestion de l'eau

Les systèmes traditionnels d'utilisation de l'eau, principalement à des fins agricoles étaient et sont souvent encore gérés localement. Des syndicats d'irrigateurs, des collectivités territoriales prennent en charge l'entretien des canaux et organisent la répartition de l'eau entre les utilisateurs suivant des critères bien établis. La préservation du milieu et l'économie de l'eau sont des préoccupations locales. Les vieux systèmes et les vieilles régions d'irrigation d'Asie centrale se distinguent nettement par une organisation méticuleuse du territoire.

Lorsque sont mis en place de grands aménagements, ils sont pris en charge par un maître d'œuvre qui coordonne la gestion et la distribution de l'eau moyennant rémunération. De tels aménagements révèlent des conflits d'intérêt. Tout d'abord au niveau des terrains qui vont disparaître sous les eaux lorsqu'un réservoir est mis en eau. Les compensations financières ne sont pas toujours suffisamment convaincantes. On a pu voir l'opposition résolue de populations lors de l'annonce de nouveaux projets. Ensuite les conflits entre utilisateurs. Le turbinage peut être en contradiction avec la consommation. Le ravitaillement des villes et des industries peut entrer en concurrence avec les besoins de l'agriculture. Enfin les consommateurs situés en aval peuvent se retrouver sans eau si ceux de l'amont augmentent démesurément leur consommation. Ces conflits n'ont généralement pas de conséquences graves lorsqu'ils se cantonnent à une région ou un état. Ils s'avèrent dramatiques lorsqu'il s'agit de bassins qui s'étendent sur plusieurs états. Un des exemples les plus connus et celui du Jourdain. L'Asie Centrale n'est pas à l'abri d'un tel risque. L'assèchement programmé de la mer d'Aral résulte de l'extension de l'irrigation. Mais ce qui est sans doute plus grave encore c'est la diminution des apports dans la partie aval de l'Amou Daria. En 2001, année particulièrement sèche, les canaux étaient à sec et les cultures impraticables sur de nombreux champs du Karakalpakstan. La salinisation a fortement progressé. La vieille oasis de Khorezm était elle-même menacée. Dans le même temps l'eau coulait en abondance dans le Grand Canal du Turkestan, au bénéfice des irrigateurs Turkmènes. Une telle situation peut générer des conflits aigus.

La sagesse recommande une gestion de bassin. Elle ne peut répondre aux vœux de tous, mais du moins elle donne au gestionnaire une vue d'ensemble. On est loin de cela en Asie centrale après le morcellement politique issu de la dislocation de l'URSS. L'eau est même devenue un moyen de pression. L'opinion ouzbékistanaise est convaincue, à tort semble-t-il, que la pénurie observée dans les canaux alimentés par le Syr Daria serait une mesure de rétorsion des autorités kirghizes, qui contrôlent l'amont, le château d'eau, à l'égard du gouvernement de l'Ouzbékistan. Outre l'aspect quantitatif se pose la question de la qualité de l'eau. Les irrigateurs de l'amont rejettent les eaux de drainage dans le cours d'eau où elles se mélangent à l'eau qui sera utilisée en aval. L'eau d'irrigation devient de moins en moins bonne au fur et à mesure que l'on descend le long de la vallée. Des états sont confrontés à la question de l'eau : Bakou et l'Azerbaïdjan sont largement tributaires des apports issus de Russie, par le canal du Samour, de Géorgie, par l'Alazani et la Koura, d'Arménie et de Turquie par l'Araxe. La république la plus peuplée du Caucase située à l'extrémité orientale sèche de la chaîne ne dispose en effet que de 14 % des ressources en eau de la Transcaucasie. Le remplissage du réservoir de Minguétchaour à partir duquel le canal de Chirvan irrigue des milliers d'hectares dépend presque totalement des apports venus de ce qui est désormais l'étranger. Les Azerbaïdjanais sont aussi pénalisés par les rejets d'eau usagée effectués par leurs voisins.

Une gestion de bassin peut permettre de mieux prendre en compte la diversité de la consommation et s'efforcer d'assurer une distribution équitable. Elle présente aussi l'avantage de mieux gérer les risques. Les risques de crue par l'utilisation des différents barrages et retenues. Les risques de pollution par le contrôle des rejets sur l'ensemble d'un bassin. L'agence de bassin favorise la prise en compte du développement durable. Encore faut-il qu'elle soit dotée d'une gestion transparente et démocratique, ce qui n'est pas toujours le cas.

Conclusion

L'eau douce est une ressource précieuse. Les montagnes en sont les principales pourvoyeuses. Les sociétés comprennent de plus en plus qu'il est indispensable de réguler sa consommation et de protéger sa qualité. La protection des sources et des torrents est une première étape. Le respect de règles simples sur le rejet de polluants en est une seconde. Des mesures contre le gaspillage en sont un autre. Des politiques sont nécessaires pour éviter les pertes par infiltration et par évaporation, en choisissant par exemple les tubes plutôt que les canaux à ciel ouvert. Les méthodes d'irrigation économes (le goutte à goutte) sont loin d'être utilisées partout. Des choix s'imposent dans la consommation industrielle, dans celle des espaces urbains, dans celle des ménages. L'eau en montagne conserve en tout cas une image de pureté.

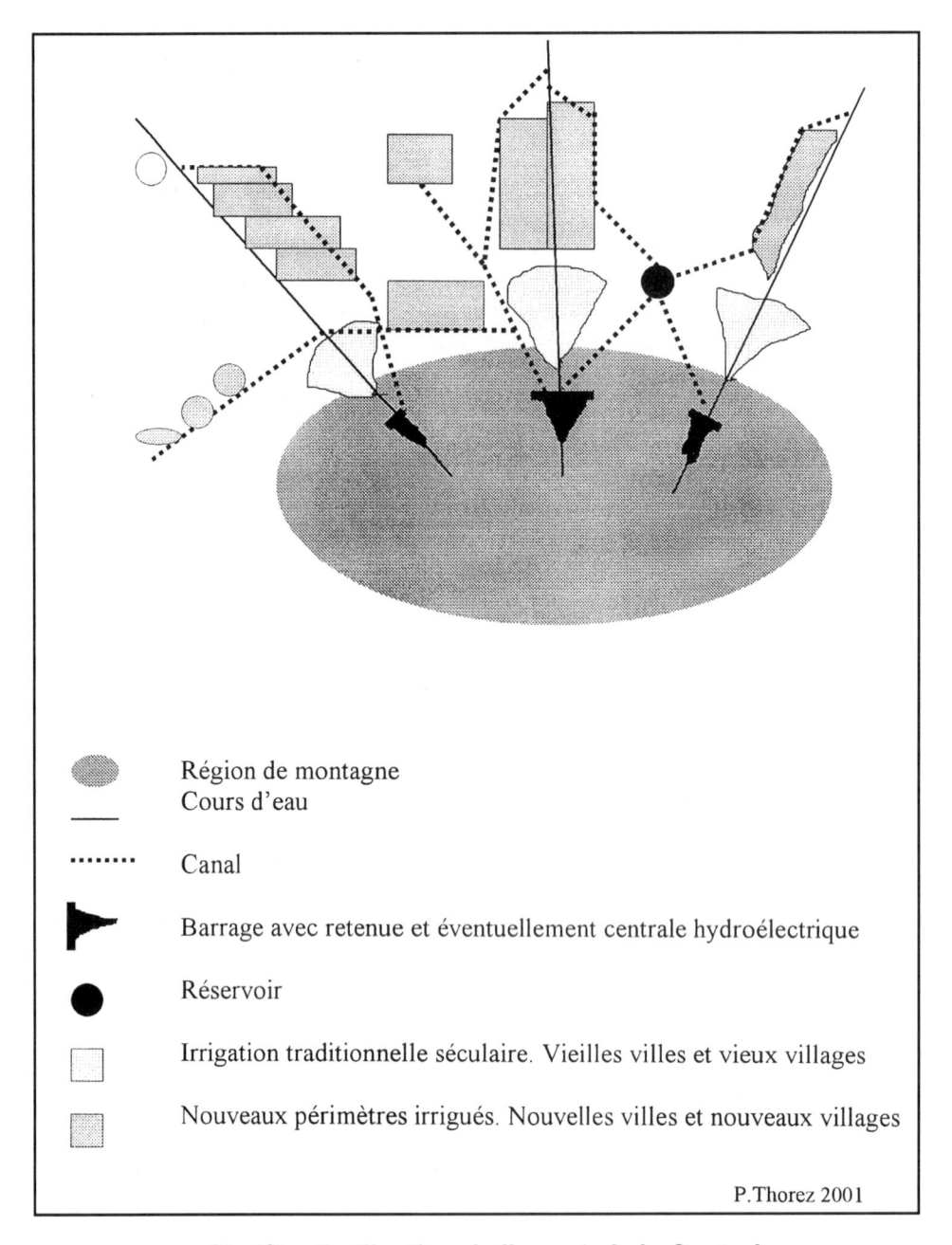

	Région de montagne
	Cours d'eau
....	Canal
▼	Barrage avec retenue et éventuellement centrale hydroélectrique
●	Réservoir
☐	Irrigation traditionnelle séculaire. Vieilles villes et vieux villages
▦	Nouveaux périmètres irrigués. Nouvelles villes et nouveaux villages

P. Thorez 2001

Modèle d'utilisation de l'eau en Asie Centrale

Les risques en montagne

André DAUPHINÉ et Damienne PROVITOLO

Partout, le risque naît du croisement d'un aléa et d'une vulnérabilité. Il est donc assimilé à une forme de complexité associant l'aléa et la vulnérabilité. Aujourd'hui, les études de risques, qui accordaient une importance capitale aux aléas, ont changé d'objectif. Elles mettent de plus en plus en avant la vulnérabilité des sociétés humaines et le caractère systémique des relations homme-nature. De plus, le risque se différencie du sens classique de la catastrophe. Si la catastrophe se produit réellement en revanche le risque appartient au domaine du potentiel, du probable.

De l'équateur aux régions polaires, la montagne est partout présente. Dans ce cadre, il s'agit de porter l'attention sur des risques aux origines variées et non de limiter l'étude aux seuls risques naturels. La vie en montagne est en effet soumise à de nombreux risques généraux, qui affectent aussi les plaines, mais en outre à des risques spécifiques (André Dauphiné, 2001).

La montagne a un double effet sur les risques. D'abord, elle peut être un frein ou un accélérateur des risques. Cette première partie est étayée par des exemples de catastrophes d'origine naturelle, technologique ou sociale. Puis nous nous attacherons à dégager les risques spécifiques au milieu montagnard. Essayer de savoir ce que sont les risques et les catastrophes de la montagne nécessite dans un premier temps de mettre au jour la notion de montagne. En tant qu'élément du relief terrestre, la montagne fait appel à quatre caractéristiques : l'altitude, la pente, l'importance des dénivellations et le plissement ou la surrection en masse. Ces conditions topographiques en font un milieu particulièrement sensible aux éboulements, glissements de terrain, et avalanches. Enfin, dans une troisième partie nous élaborerons une classification des montagnes à risque. Cette synthèse se doit de distinguer deux grands types de montagnes, celles qui sont à l'abri des risques et celles qui sont au contraire particulièrement exposées.

1. La montagne frein ou accélérateur des risques

Comme de nombreux milieux, la montagne participe à faire disparaître, à transformer ou à accentuer certains risques. Ces trois cas de figure, tour à tour présentés, résultent le plus souvent de l'altitude, des pentes et des formes du relief, trois facteurs constitutifs de l'effet de montagne.

Pour illustrer la disparition du risque l'exemple des épidémies est sans doute le plus évident. La pente et l'altitude sont les éléments explicatifs au frein ou au blocage de la propagation des maladies. La malaria par exemple se développe principalement dans les régions chaudes aux faibles altitudes, et la diffusion de la peste, comme celle du sida, suit les axes de communication et donc plutôt les vallées. Ainsi, les maladies tropicales qui sévissaient en Afrique s'arrêtèrent souvent au pied des montagnes, et en Californie, les parcs naturels régionaux sont les dernières « poches » épargnées par l'épidémie du sida. La chaîne himalayenne a également joué le rôle d'écran, de barrière à la diffusion du choléra.

La montagne sert souvent de refuge. Cette fonction de refuge contre la chaleur et contre le risque de mortalité qui en découle se lit dans la transhumance. En été, les troupeaux et leurs bergers quittent les plaines languedociennes pour les Cévennes, fuient celles de la Castille et de l'Aragon pour les Pyrénées et les hauteurs de la chaîne Cantabrique. Ces mêmes mouvements se retrouvent chez les nomades qui quittent les steppes (depuis le Sud-Ouest marocain jusqu'à l'Afghanistan) pour rejoindre les pâturages d'altitude. Mais surtout, la montagne sert de refuge aux populations vulnérables, enjeu de risques sociopolitiques. Ainsi, dans l'île de la Réunion, le cirque de Mafate abrite des familles de « petits blancs » refoulées, dès 1830-1840, des régions littorales par le développement des grandes plantations de cannes à sucre. De façon plus dramatique, les Tutsis se réfugièrent dans les montagnes ougandaises en 1962 lors des massacres systématiques perpétués par les Hutus. Le processus s'inversa quelques années plus tard. Les massacres ethniques et/ou religieux font également des montagnes du monde arabe le lieu de refuges. Enfin, l'exemple récent du Kosovo montre que les populations montagnardes ont le temps de fuir lors de guerres civiles.

Mais en sens inverse, la montagne exacerbe également le risque dans des domaines très variés. Parfois, elle est le théâtre de violences sociales. La violence armée apparaît comme la principale source de désastres sociaux dans les zones de montagne (Kenneth Hewitt, 1997). Au début du XVIIIe siècle, la guerre des camisards dévaste les montagnes cévenoles. Les résistants connaissent bien leur terrain (les chemins, les sentes, les grottes naturelles ou artificielles n'ont pas de secrets pour eux) et déploient une grande mobilité alors que les troupes royales ne peuvent se déplacer facilement. Plus récemment, de 1979 à 1988, les montagnes afghanes furent le lieu de luttes avec l'Union soviétique. Les conflits armés se déroulèrent également dans les régions montagneuses de la Somalie (les montagnes de la côte nord) lors d'affrontement entre ce pays et l'Éthiopie, de la guerre entre l'Iran et l'Irak. De même, le Chiapas, une des régions montagneuses pauvres du Mexique fut le théâtre au début des années 1994 d'une insurrection menée par l'armée zapatiste de libération nationale.

La montagne est également un milieu à risque lorsqu'elle suscite la conquête de ses sommets. Si la chaîne asiatique est le terrain de jeu des plus grands alpinistes, les ascensions des grands sommets himalayens, dont les célèbres Éverest (8 882 mètres) et Annapurna, ont laissé dans leurs sillages de nombreux porteurs, guides et alpinistes. L'explosion du tourisme de masse à partir des années 1950 accentue également le risque en montagne. Ainsi, dans le cas du risque d'avalanche, la composante vulnérabilité connaît des modifications. Avant 1950, les accidents mortels faisaient suite à la destruction d'habitations situées dans des couloirs avalancheux. Après 1950, ce sont les skieurs pratiquant « le hors-piste » ou la randonnée de montagne qui sont les plus vulnérables. Dans le cas des avalanches de neige, une surcharge supplémentaire, tel un skieur, peut être à l'origine de la catastrophe. Parfois, ces avalanches sont également déclenchées artificiellement afin de protéger un domaine skiable, des routes d'accès fortement empruntées durant les périodes de sport d'hiver, des habitations. Le risque, alors réduit à sa source, ne se transformera ni en accident ni en catastrophe.

Enfin, la montagne accentue également certains risques technologiques notamment parce que diverses conditions (forte pente, altitude, complexité du relief...) rendent le transport difficile. L'incendie qui eut lieu dans le tunnel du Mont-Blanc en 1999 n'est pas sans rappeler la catastrophe du tunnel du Salan en Afghanistan en 1982. Dans les deux cas, la défaillance du système de ventilation et l'absence d'opérationnalité des services de secours amplifièrent l'événement catastrophique.

Dans tous les cas, le traitement de la catastrophe en zone de montagne est accru par la faible connexité des réseaux. Celle-ci rend difficile l'arrivée des secours en cas de catastrophe et accentue ainsi la vulnérabilité des personnes. Ainsi, lors des derniers tremblements de terre en Turquie, les montagnes furent isolées et sans secours pendant de longs jours. Ces problèmes de moindre connexité des réseaux de secours se retrouvent également dans les risques spécifiques au secteur de la montagne.

2. Les risques de la montagne

Les éboulements, les glissements de terrains et les avalanches de neige sont des risques spécifiques à la montagne, tout comme les inondations torrentielles. Si les mécanismes de ces risques sont différents, ils sont cependant toujours régis par la pente et la gravité, deux facteurs qui accentuent les risques potentiels et les catastrophes réelles. En effet, dans le cas des éboulements et des glissements de terrain, les processus d'érosion sont accentués par les pentes. L'effet de pente associé à la force gravitaire déclenche le mouvement de chute des corps et à accélérer la vitesse des éboulements, des glissements de terrain et des avalanches. Très fréquents en montagne, ces risques sont source de dommages variables en différents points du globe.

La montagne est également le lieu privilégié des inondations torrentielles. Du fait de forts dénivelés, l'eau dévale les pentes à de grandes vitesses et emporte avec elle de nombreux matériaux. Les effets d'embâcle et de débâcle accentuent encore la violence des torrents. Les catastrophes qui en résultent, de type ponctuel, frappent l'imaginaire collectif. Qui ne se souvient pas de la catastrophe du Grand-Bornand.

Cependant, le volet vulnérabilité dépend des densités humaines et de la capacité technique des sociétés. Si bien que les montagnes ne souffrent pas de la même façon des risques. Aux latitudes tempérées, les régions de montagne sont désormais délaissées au profit des littoraux et des plaines aux conditions de vie moins sévères et plus propices à la diffusion des effets de la mondialisation. Ainsi, pour donner un exemple, le Massif central est passé d'une dynamique de peuplement (jusqu'au XIXe siècle il abritait 5 millions d'habitants) à une dynamique de dépeuplement. En milieu montagnard, ce déclin démographique fait la rareté des grandes catastrophes en Europe. Mais parfois, les impacts humains peuvent être dramatiques. On se souviendra de la récente catastrophe du Tauern en Autriche, lorsqu'une avalanche de neige ensevelie une station de ski. Plus ancien, mais gravé dans les mémoires des savoyards, l'éboulement du mont Granier en 1248, près de Chambéry, a entraîné la mort de milliers de personnes.

En d'autres régions du monde, la montagne n'est pas vécue comme un milieu hostile. En effet, elle favorise les activités humaines. Ainsi, en zone subtropicale et intertropicale, les concentrations et densités humaines sont fortes en milieu montagnard. De ce fait, les catastrophes y sont plus prégnantes. Au Pérou, le 31 mai 1970, à la suite d'une secousse tectonique dans l'océan Pacifique, un éboulement de glace et de rochers s'est déclenché près du sommet du Nevado Huascaran, distant de 130 km de l'épicentre du séisme. Atteignant une vitesse de 280 km/heure sur un dénivelé de plus de 4 000 mètres, cet éboulement recouvra la ville de Yungay de boue et de débris. Le bilan fut catastrophique : 18 000 Péruviens trouvèrent la mort. Quatre ans plus tard, le village de Mayunmarca fut dévasté par une inondation. Dans ce cas, un effet en chaîne se produisit également. Le glissement ne fut pas comme en 1970 la conséquence d'un risque de premier niveau. Au contraire ce glissement fut à l'origine d'une crue catastrophique plus d'un mois après la catastrophe. En effet, les blocs de roches jouèrent le rôle de barrage naturel sur le Rio Mantaro.

De ces exemples ressort parfaitement l'impact de la dynamique de peuplement et des vulnérabilités humaines et matérielles qui y sont associées ainsi que les risques de pente et de gravité.

Les avalanches de neige, qu'il s'agisse d'avalanches de poudreuse ou denses, sont également limitées au secteur montagneux soumis aux précipitations de neige. Deux conditions doivent être réunies : un enneigement suffisant, un effet de pente. De nombreux massifs de montagne sont soumis aux avalanches. Si les conséquences de ces risques d'origine naturelle varient notablement selon la composante vulnérabilité, à l'échelle planétaire, ces risques font peu de victimes (environ 500 victimes par an). Dans les régions touristiques, telles les Alpes, les Rocheuses des États-Unis et du Canada, l'Atlas marocain, l'Anatolie turque, les avalanches, fortement médiatisées, touchent essentiellement les sports de loisirs. En revanche, les avalanches en Himalaya, du fait d'une vulnérabilité humaine beaucoup plus faible sont plus rarement catastrophiques et médiatisées.

Ainsi, les risques propres à la montagne sont loin d'être négligeables par leurs effets lorsqu'ils se transforment en catastrophe, même si les risques généraux sont plus dangereux.

3. Une classification des montagnes suivant les risques

À l'issue de cette présentation, il est possible de distinguer différents types de montagne à risque (figure 1) en tenant compte essentiellement de l'origine des risques.

Cette représentation graphique met en lumière non seulement la rareté des montagnes à l'abri de tout risque, mais aussi les différentes interactions existant entre des risques de nature différente. Ainsi, un risque naturel peut induire un risque socio-politique ou un risque sanitaire. De même il est parfois difficile de dissocier les risques naturels des risques technologiques, comme l'atteste la rupture de grands barrages.

Cette représentation graphique montre non seulement la diversité des risques en ce milieu mais aussi la rareté des montagnes protégées des risques. Nous trouvons en effet des risques naturels, technologiques et socio-politiques dans différentes zones du globe. Seuls les risques sanitaires sont peu représentés.

Toutes les montagnes ne sont pas soumises aux mêmes risques. Certaines comme le Massif central ou les Appalaches, sans glacier ni fortes pentes, sont à l'abri des risques, qu'ils soient d'origine naturelle, technologique, socio-politique ou sanitaire. D'autres sont particulièrement vulnérables à un grand type de risque. C'est le cas de l'Oural, sensible aux risques technologiques ou de petits massifs volcaniques, comme ceux du Stromboli et de l'Etna soumis aux risques naturels. Enfin, certaines zones de montagne cumulent des risques aux origines variées. Le couple « risque naturel-risque technologique » (le quart gauche supérieur) illustre les montagnes des pays développés (le Japon, les États-Unis ou l'Europe) alors que celui des « risques naturels et socio-politiques » (quart droit supérieur) correspond à des zones moins développées, où les guerres civiles et les guérillas sont encore prégnantes (l'Afrique, l'Amérique centrale, l'Amérique du Sud, les Balkans et la Chine). Quant au couple « risques sanitaires-risques socio-politiques » (quart inférieur droit), il est concentré en quelques zones du globe (la Somalie, l'Éthiopie et l'Afghanistan). Ces deux risques sont étroitement liés. L'Afghanistan, région en guerre, ou l'Éthiopie, soumise à la famine, sont des foyers d'infection du paludisme, maladie que l'on croyait éradiquée. Toutefois, peu de montagnes appartiennent à cette classification car la faible taille des villes en montagne et les pentes sont un frein au processus de diffusion des risques sanitaires. Ces deux règles expliquent aussi le fait qu'aucune montagne ne semble allier risques technologiques et sanitaires (quart inférieur gauche). Ce constat est également à mettre en relation avec le niveau de développement des pays. La technologie permet de protéger la population des risques et des catastrophes du vivant.

La figure 2 donne, à l'échelle du globe, une représentation de la typologie élaborée ci-dessus. Elle fait apparaître trois mondes. Le premier, autour de l'océan Pacifique, est composé de montagnes aux risques divers et complexes, aussi bien sur la rive américaine qu'asiatique. En bordure de la Chine et de l'ex-URSS, le risque d'origine socio-politique prévaut dans le Caucase et au Tibet. Enfin, dans les vielles montagnes, les risques technologiques sont prédominants.

Conclusion

Les montagnes sont donc soumises à des risques généraux, mais aussi à des risques particuliers, comme les avalanches. Si les risques naturels reçoivent la plus grande attention et sont souvent pris pour définir les risques en montagne, ils ne sont pas les seuls à affecter ce milieu. Certes, les risques d'avalanche, d'éboulements et de glissements de terrain lui sont spécifiques. Mais la montagne peut également être le lieu d'affrontements socio-politiques et de risques technologiques. En constituant des frontières naturelles, la montagne stigmatise les conflits liés à des paramètres qui dépassent largement la géographie physique. Étudier le risque en montagne ne peut se faire en occultant l'histoire, la culture des civilisations.

Bibliographie

DAUPHINÉ A., *Risques et catastrophes,* Paris, A. Colin, 2001, 286 pages.

MARTIN P., *Ces risques que l'on dit naturels*, Aix-en-Provence, Édisud, 256 pages.

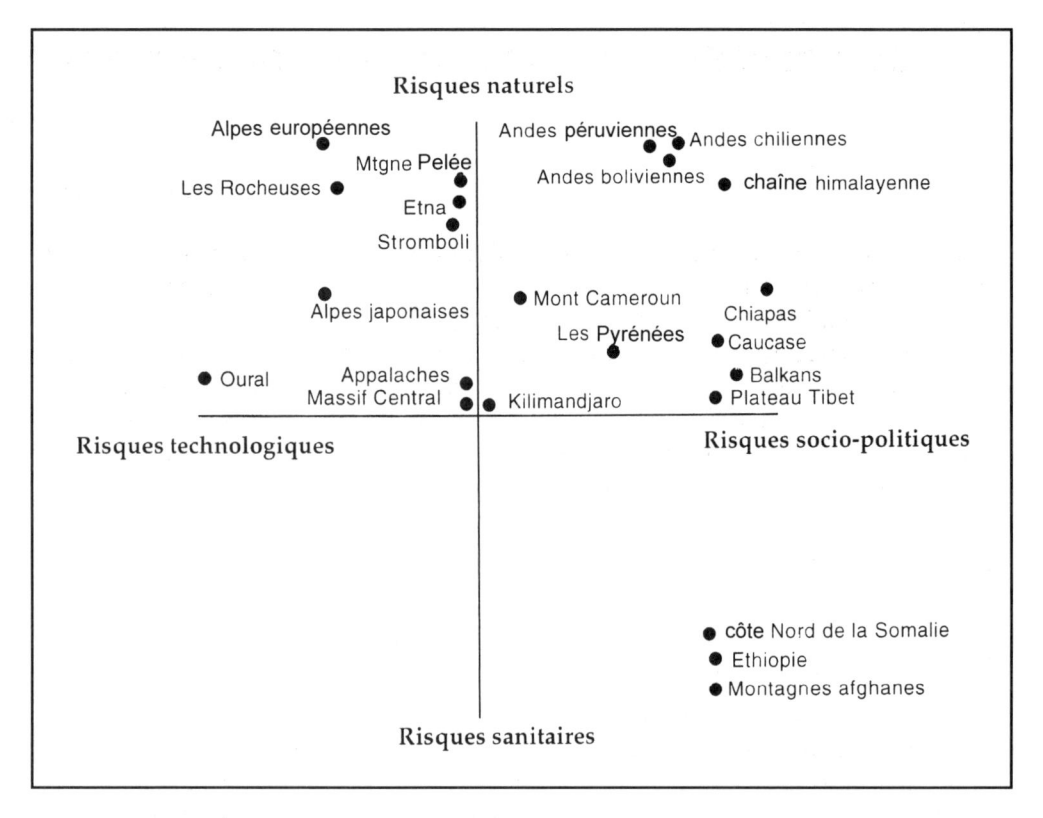

Typologie des montagnes suivant les catégories de risques

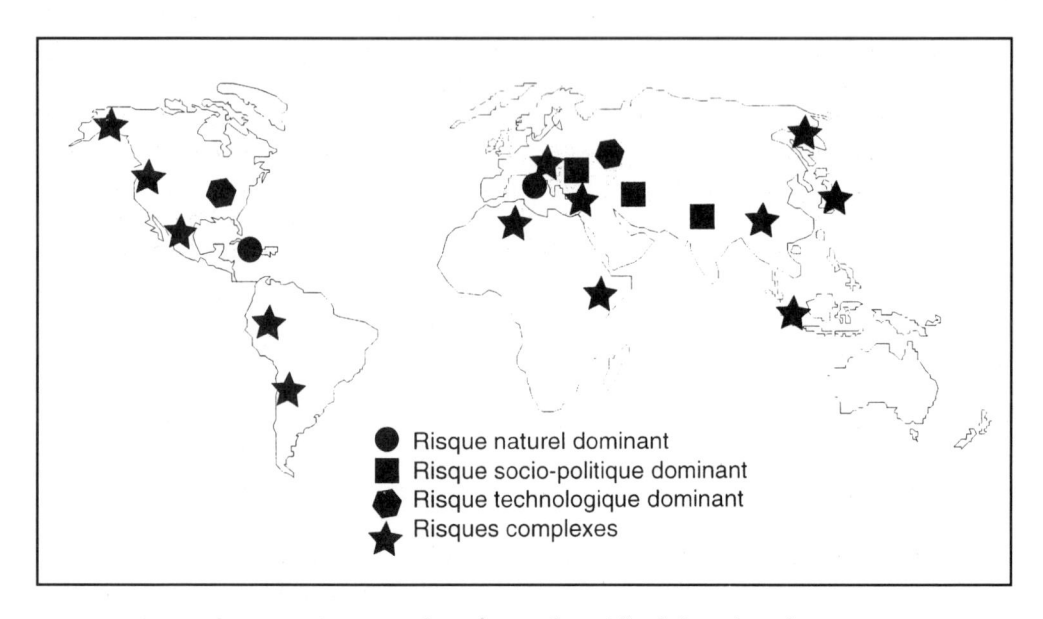

Les montagnes classées suivant l'origine des risques

La circulation dans les régions de montagne

Pierre THOREZ

Les régions de montagne dressent de nombreux obstacles à la circulation, du moins aux modes modernes de transport, ferroviaire, routier et aérien. La création des réseaux nécessite de nombreux ouvrages d'art qui impliquent des coûts élevés. Les conditions climatiques, l'instabilité des versants obligent le recours à un entretien permanent lui aussi coûteux. Enfin, le rallongement des distances par rapport à la ligne droite, les dénivellations ralentissent la circulation et entraînent des consommations plus importantes d'énergie et une usure accélérée du matériel. Ces contraintes ont à leur tour pu contribuer au dépeuplement de certains villages et au renchérissement de la desserte.

1. Les contraintes et l'adaptation modale

Les montagnes se caractérisent tout d'abord par la pente. Les routes ne peuvent guère dépasser des pentes de 10 %, les voies ferrées de 3,5 %. Aussi les construit-on de préférence dans les vallées, lorsque cela est possible, c'est-à-dire lorsque leur fond est suffisamment large. Pour accéder aux villages perchés et aux cols il est nécessaire de grimper le long des versants. Cela implique dans la plupart des cas une forte sinuosité avec éventuellement des tracés en lacets. Une telle ascension est inenvisageable pour les voies ferrées. Afin de l'éviter des tunnels ont été percés à la base des cols. Il a fallu pourtant parfois se hisser fort haut. La voie la plus élevée du monde, dans les Andes, grimpe à plus de 4 800 mètres d'altitude ! Dans les Alpes les tunnels hélicoïdaux du col du Semmering en Autriche, du Saint Gothard en Suisse, de la ligne du col de Tende entre Nice et Cuneo, et de bien d'autres lignes montrent qu'il n'est pas impossible d'aménager des tracés avec des rampes et des rayons de courbure compatibles avec la circulation de trains classiques. Naturellement là où les tunnels se succèdent, séparés par des viaducs, la construction des réseaux requiert de gros investissements. Lorsque l'on a commencé à construire des autoroutes, il a fallu encore avoir recours à de nombreux ouvrages d'art, viaducs et tunnels et percer des tunnels transversaux de plusieurs kilomètres de longueur à partir des vallées afin de respecter les normes.

La pente pénalise la circulation. La montée se fait sur les routes à haut régime sur des petites vitesses. Les consommations d'essence et de gas-oil augmentent. Sur le réseau ferré il n'est pas rare de recourir à la double traction sur les voies au profil particulièrement accidenté. En descente, l'utilisation du frein moteur use la mécanique et ralentit la vitesse. Ces contraintes sont telles que les routes les plus difficiles sont interdites aux véhicules les plus lourds et aux autocars. Il s'agit parfois d'axes régionaux importants comme la fameuse côte de Laffrey sur la « route Napoléon ».

Le milieu montagnard est dynamique. Les pluies, les averses de neige, le gel, le dégel affectent les réseaux de transport et la circulation. Les routes et les voies ferrées subissent les processus d'érosion, éboulements, glissements de terrain, inondations, avalanches. La circulation peut se trouver interrompue, parfois pour de longues semaines avant que la voie ne puisse être dégagée ou construite à un autre endroit. Les vallées de la Dranse, de l'Agly, du Têt ont été plus d'une fois bloquées. Le grand glissement de Saint Étienne de Tinée a contraint à construire la route d'accès sur l'autre rive du torrent.

La neige contraint à la fermeture hivernale des accès aux cols les plus élevés lorsque d'autres voies d'accès sont disponibles. Il est parfois indispensable de les maintenir ouverts car ce sont des axes vitaux. Ainsi le Port d'Envalira à plus de 2 400 mètres d'altitude ou le col du Lautaret à 2 040 mètres sont-ils déneigés systématiquement. Ils ne sont fermés que certaines nuits ou lors de chutes de neige particulièrement abondantes. Dans le Caucase, le seul lien entre le district de Kazbegui et le reste de la république de Géorgie est la route du col de La Croix, à 2 384 mètres, sur laquelle on s'efforce depuis une vingtaine d'années de maintenir la circulation toute l'année sans pour autant y parvenir. De même au Tadjikistan. Le nord du pays, dans la plaine du Ferghana était relié au sud par une route et une voie ferrée qui contournent par l'ouest les chaînes du Turkestan, du Zerafshan et de Guissar à travers le territoire de l'Ouzbékistan. La fermeture des frontières a obligé les autorités tadjikes à tenter de maintenir ouverts les deux cols qui permettent de traverser ces montagnes, les cols de Shakhristan, 3 378 mètres, et d'Anzob, 3 373 mètres, qui n'étaient auparavant empruntés qu'en été. En contre bas de la piste, plus qu'une route, le fond des précipices est parsemé en plusieurs endroits particulièrement dangereux de carcasses de camions et de voitures…

Le déneigement est généralement à la charge des collectivités territoriales. Des engins adaptés sont nécessaires et leur exploitation a un prix.

La circulation est aussi perturbée par les avalanches qui, outre le risque qu'elles font courir aux véhicules et à leurs occupants qui circulent sur leur trajectoire au moment où elles se déclenchent, peuvent détruire les équipements et interrompre la circulation.

Pour les protéger des chutes de neige, des avalanches et des chutes de pierres, des galeries ont été construites sur des axes majeurs (accès au tunnel du Grand Saint Bernard, passages les plus exposés sur la route du col de La Croix), sur des routes d'accès aux stations de sports d'hiver (Isola 2000), sur des portions de voie ferrée. La neige ralentit la circulation et les équipements spéciaux signifient aussi des surcoûts pour les usagers. Les compagnies de chemin de fer des pays de plaine doivent prévoir un matériel spécifique pour les régions de montagne (les locomotives électriques « Maurienne » de la SNCF).

Dans les pays où l'hiver n'est rigoureux que dans les régions de montagne l'entretien des réseaux y est plus coûteux qu'ailleurs : les voies ferrées souffrent du gel, les routes du dégel.

Ces obstacles ont conduit à mettre en service des modes spécifiques adaptés à la pente et pour certains d'entre eux à la neige. Il s'agit tout d'abord du transport par câble. Les paysans utilisaient le câble pour descendre le foin ou le bois. Son utilisation pour les marchandises reste limitée au transport de minerais ou matériaux de construction entre un site d'extraction et un mode de transport terrestre. Il a connu un plus grand succès dans l'usage touristique. La panoplie des modes de remontées mécaniques, téléphériques, télécabines, télésièges et téléskis est particulièrement adaptée aux besoins des stations de sports d'hiver. Ils peuvent aussi servir pour accéder à des laboratoires, des observatoires ou des sites militaires.

Le chemin de fer à crémaillère permet de s'émanciper largement de la contrainte de la pente. Grâce au rail crénelé il peut circuler sur des rampes de plus de 30 %, voir de 50 % dans quelques cas (chemin de fer touristique de la Jungfrau). Il est lent. Mais il peut être associé à une voie ferrée classique avec une crémaillère uniquement sur les portions trop pentues. Le funiculaire quant à lui est limité par la longueur des câbles de traction.

À l'exception des lignes de transport d'électricité et des conduites forcées pour l'eau, les transports spécifiques ne dépassent que rarement l'échelle hectométrique ce qui en limite l'usage.

Contrairement à une idée largement répandue, les montagnes, sauf la partie la plus haute de l'Himalaya ne sont pas un obstacle pour le transport aérien moderne. Les avions à réaction adoptent des niveaux de vol de plus de 30 000 pieds, soit plus de 9 000 mètres. Elles sont par contre un obstacle pour l'aménagement d'aéroports. Ces derniers ont besoin d'une grande surface plane. Les pistes d'un aéroport international ont une longueur minimale de 2 500 mètres et souvent plus de 3 000 mètres. Il faut des dégagements dans le prolongement de leur axe pour garantir la sécurité de l'approche et de la montée après le décollage. Aussi les sites favorables sont-ils rares, sauf sur les altiplanos et dans les grandes vallées larges et rectilignes. L'altitude peut exercer d'autres types de contraintes comme la diminution de la portance puisque la pression de l'air diminue. Dans le Caucase, dans le Tian Chan, l'avion était d'usage courant jusqu'à la disparition de l'URSS pour la desserte des plateaux et des bassins intramontagnards. Compte tenu de la carence des infrastructures routières et du faible coût des billets aériens (30 % de plus que l'autocar), les lignes opérées par bonne visibilité avec des avions de 10 à 40 places sur des aérodromes aux pistes en herbe, étaient très fréquentées. Les altiports sont un cas limite. Ces terrains de dimensions modestes sont accessibles à des avions à décollage et atterrissage courts de faible tonnage et capacité d'emport. Il en existe dans plusieurs grandes stations de sports d'hiver.

L'hélicoptère sert beaucoup dans les régions de montagne. Sa maniabilité est un atout. Cependant la consommation d'énergie nécessaire à la sustentation en fait un mode onéreux. Les lignes héliportées sont peu nombreuses et réservées à une clientèle fortunée. Les appareils sont plutôt utilisés pour le contrôle d'installations et par les services de sécurité et de secours.

Rappelons enfin qu'en raison des pentes qui accélèrent la vitesse d'écoulement, et de la nature des lits torrentiels, le transport fluvial est absent.

2. Circulation, réseaux, développement

Les contraintes du milieu montagnard s'exercent sur l'ensemble des activités humaines. Elles influencent les activités agricoles, la localisation des industries, des services, de l'espace bâti. À l'échelle nationale ou régionale, les surcoûts générés rendent les investissements moins compétitifs.

Les Alpes du sud ont commencé à se dépeupler lorsque leurs paysans ont été placés sur un marché concurrentiel des céréales. Les champs trop petits et parfois en pente ne se prêtaient guère à la motorisation. Le coût du ramassage devint excessif. Il n'en fut pas de même dans les Alpes du nord où la construction de centrales hydrauliques attira dans les vallées des industries consommatrices d'électricité. Le relief aéré permit de construire sans trop de difficultés des voies ferrées et des routes jusqu'au cœur de la montagne comme en Tarentaise et en Maurienne. Des villages situés sur les versants ou dans les vallées adjacentes purent connaître le même sort que ceux des Alpes du sud, mais les vallées virent se développer des villes et des bourgs industriels.

L'évolution fut donc différenciée. Ainsi dans le Caucase, les vallées marginalisées par leur mauvaise accessibilité routière perdirent la moitié de leurs habitants au cours du XXe siècle. L'occupation des villages les plus élevés devint saisonnière comme dans la haute vallée du Térek. La population des vallées bien desservies (Aragvi, Térek) diminua beaucoup moins. Le passage de nombreuses lignes d'autocar, le transit de camions et de véhicules individuels, en améliorant l'accessibilité, procurent des ressources complémentaires (vente de légumes, de viande, de vêtements en laine etc.). La répartition des lieux habités se modifia : les villages proches de la route et de la vallée principale gagnèrent des habitants alors que les villages éloignés se dépeuplèrent.

Au Daghestan la population de haute montagne a progressé malgré l'enclavement des aouls. L'appoint de revenus provenait ici des activités agricoles de piémont en marge des pâturages d'hiver, et la croissance tenait pour beaucoup de l'excédent naturel. On ne peut donc pas considérer qu'à tout moment l'enclavement provoque nécessairement le déclin et la déprise d'une vallée, ni que l'amélioration de l'accessibilité entraîne obligatoirement une phase de reprise des activités.

La construction des routes et du chemin de fer firent évoluer les besoins en transport. Ils diminuèrent dans les montagnes qui se dépeuplèrent en liaison avec le déclin des activités, ils augmentèrent dans les vallées plus dynamiques. L'effet des réseaux sur les territoires fut contradictoire.

Les grandes voies de communication ne pénétrèrent profondément dans la montagne que lorsqu'il était nécessaire de la traverser ou lorsque se développa l'industrie et surtout une activité qui allait occuper une place parfois essentielle et tenir un rôle économique majeur : le tourisme. Lorsqu'il se développa de façon massive, l'aménagement des sites et des stations s'accompagna d'une refonte des réseaux routiers. Des accès nouveaux furent aménagés. Il y avait un changement d'échelle. Le nombre des usagers des transports augmenta fortement et des investissements refusés à des villages furent consentis pour les lieux de villégiature. Cela ne se fit pas sans poser de sérieux problèmes de protection de l'environnement et d'équilibre naturel car la construction des réseaux de transport peut provoquer des modifications sensibles du milieu, notamment à l'échelle du versant et accélérer les processus d'érosion.

Les difficultés et les contraintes liées aux conditions naturelles des régions de montagne ont incité à les contourner lorsque cela était possible et à n'y installer que les infrastructures destinées à la desserte locale. L'axe rhodanien en est une parfaite illustration. La route, la voie ferrée, l'autoroute et le réseau TGV entre Lyon et Nice ne suivent pas une ligne droite théorique qui passe par les Alpes. Ils évitent l'obstacle de la montagne en empruntant la vallée du Rhône et les bassins de la Provence. De la même manière, les voies ferrées contournent le Caucase. Entre la Russie et la Transcaucasie, le seul chemin de fer passait par Bakou, avant la construction d'une voie sur les rives de la mer Noire dans les années trente. Cette dernière traverse la montagne dans sa partie occidentale plus basse et plus aérée. Au centre du Caucase seules trois routes ont été aménagées par les cols de Rok, de Mamisson, et surtout par le col de la Croix mais la circulation y est difficile. À un degré moindre les grands axes traversent les Pyrénées à leurs extrémités.

Les grands axes transmontagnards se situent là où la demande de circulation est la plus forte et où les contournements sont trop longs ou impossibles. C'est le cas des percées alpines helvétiques et autrichiennes. Elles sont fréquentées tout au long de l'année par des flux de personnes et de marchandises. La circulation touristique se caractérise quant à elle par des pointes de trafic très marquées, et des étiages non moins sensibles. Se pose dans ces conditions la question des amortissements et du coût d'entretien. Lorsqu'il est à la charge des collectivités territoriales, cela augmente les charges qui pèsent sur la population permanente.

La proximité d'un grand axe et d'activités touristiques a redynamisé des vallées et des massifs qui ont bénéficié d'une meilleure accessibilité. Les Alpes, par leur situation entre les grands foyers d'activité et de peuplement de l'Europe du nord et la Méditerranée, sont une chaîne globalement dynamique. L'aménagement d'un réseau de communication dense y a été favorisé par la présence des grandes vallées qui donnent accès au cœur de la montagne.

Les régions qui n'ont pas connu de développement touristique ou qui se situent à l'écart des grands courants d'échange se marginalisent plus ou moins. Leurs habitants n'ont que difficilement accès au monde extérieur. Ils sont généralement privés de voies ferrées, et le réseau routier ne permet pas de liaisons rapides. C'est le cas dans la plupart des régions de montagne du monde, a des degrés divers, y compris dans les pays développés. La majorité des aouls caucasiens ne sont accessibles que par des routes non recouvertes sur lesquelles la vitesse moyenne ne dépasse pas une trentaine de kilomètres par heure. Malgré cela au moins une liaison quotidienne par autocar était proposée entre les villages d'habitat permanent et le chef lieu de district (raïon). Ce service s'est dégradé depuis la fin de l'URSS faute de subventions. Le déclin des services de transport collectif détériore de façon comparable l'accessibilité aux kichlaks en Asie Centrale. Les chevaux, les ânes et les charrettes retrouvent une place qu'ils avaient perdue depuis plusieurs décennies.

La circulation en montagne se heurte à des contraintes naturelles plus ou moins sévères suivant les lieux et les modes de transport. Pour s'en émanciper des investissements coûteux sont nécessaires. La différence des moyens mis en œuvre est devenue un facteur de différenciation des régions de montagne. La circulation dépend aussi des formes d'organisation et de développement des sociétés. La mobilité des populations et des marchandises peut être entravée par les frontières ou les conflits comme c'est le cas actuellement dans les montagnes du sud de la Communauté des États Indépendants. L'environnement naturel montagnard est original, l'environnement social et humain est plus banal.

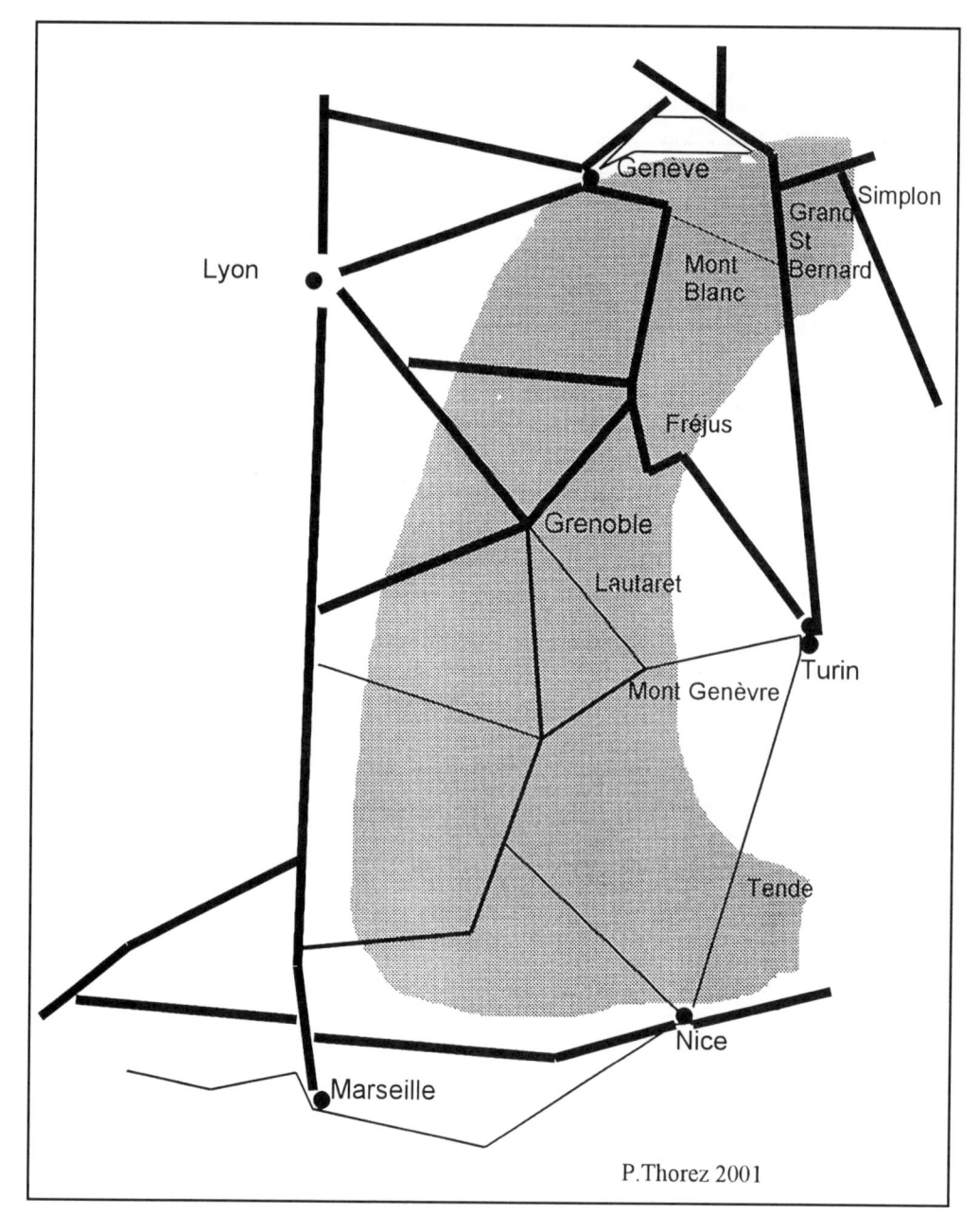

**Hiérarchie des principaux axes de communication
dans les Alpes occidentales**

La circulation dans les régions de montagne   51

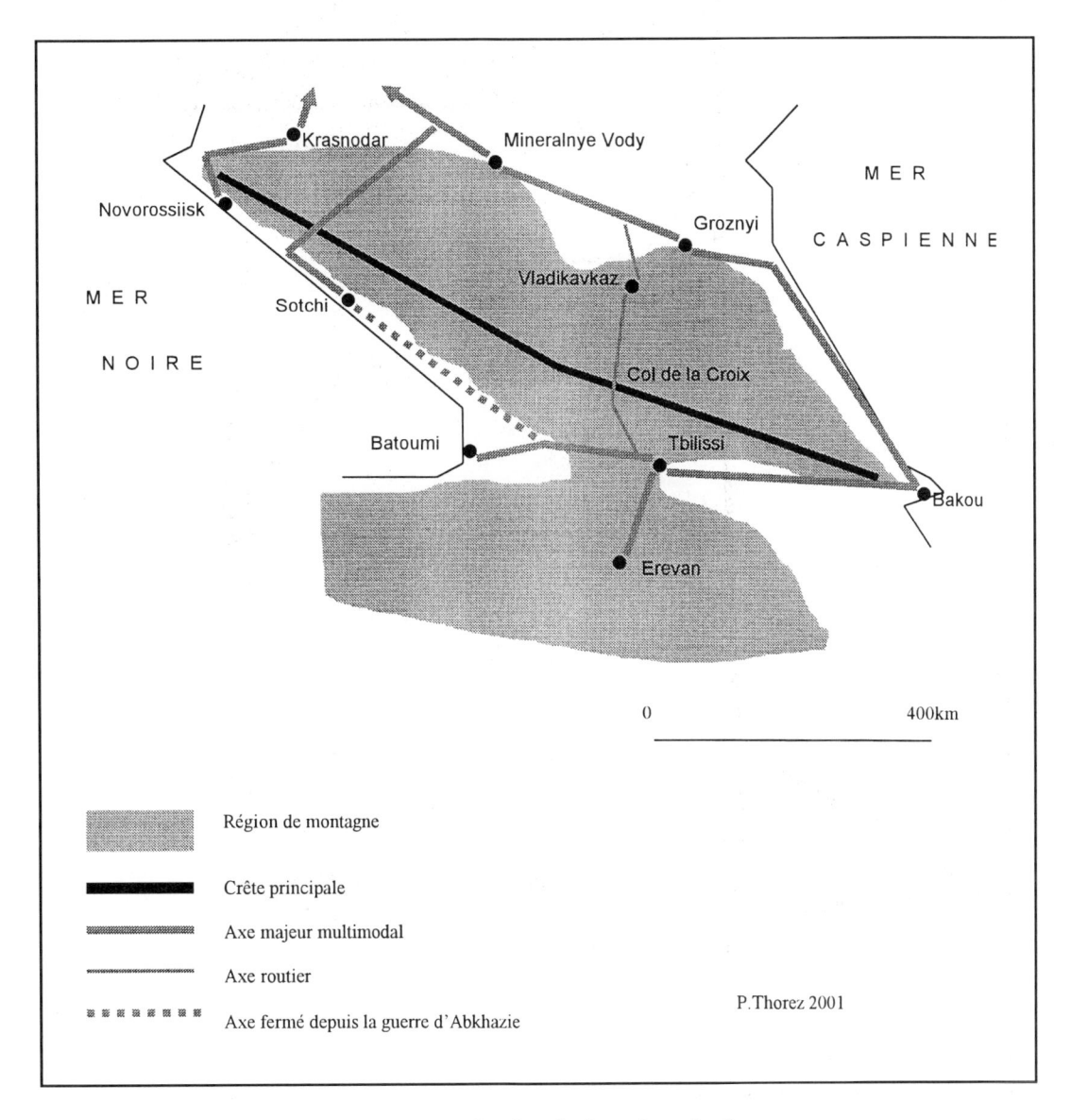

▬▬▬	Région de montagne
▬▬▬	Crête principale
▬▬▬	Axe majeur multimodal
~~	Axe routier
▪ ▪ ▪ ▪ ▪	Axe fermé depuis la guerre d'Abkhazie

P. Thorez 2001

Principaux axes de circulation dans le Caucase

Montagne et frontières

Pierre THOREZ

Il est convenu de dénommer « frontière naturelle » une limite politique (frontière entre deux états) ou administrative (entre des collectivités territoriales de rangs divers) qui s'appuie sur des discontinuités naturelles, rivage maritime, cours d'eau, crête, ligne de partage des eaux. Dans les faits si les frontières coïncident souvent avec de telles limites naturelles, elles les transgressent fréquemment. C'est notamment le cas dans les régions de montagne. D'autre part dans ces régions la topographie génère des contrastes parfois très violents entre les milieux naturels, de sorte qu'une chaîne de montagne, à une échelle locale une crête ou une cluse, délimitent des milieux différents et sont de ce fait considérées comme des frontières naturelles.

1. Montagne et frontière naturelle

Les versants opposés des grands massifs montagneux se distinguent par des climats et des milieux biogéographiques contrastés. Les chaînes bordières des masses océaniques perturbent la circulation atmosphérique. Lorsqu'elles font obstacle à la circulation des masses d'air humide, elles délimitent un versant au vent qui peut recevoir des précipitations de plusieurs milliers de millimètres et un versant sous le vent sec que peuvent prolonger des dépressions marquées par l'aridité. On pense aux chaînes de disposition méridienne, comme les Rocheuses ou la Cordillière des Andes dans le Chili central et méridional. Les Siwaliks et plus généralement le massif himalayen exercent une influence comparable en s'opposant à la progression de la mousson.

Les massifs montagneux d'orientation zonale ont plus tendance à délimiter des régions thermiques. Ainsi le Grand Caucase. Pendant l'hiver, les anticyclones thermiques avec des températures moyennes de janvier qui descendent à - 5 degrés sur le versant nord n'atteignent pas les dépressions de Transcaucasie situées en position d'abri. La saison froide y est plus clémente avec des moyennes mensuelles supérieures à zéro.

Les climats ne sont pas seulement modifiés dans le sens transversal. Ils le sont aussi dans le sens longitudinal.

Ainsi en va-t-il du Caucase caractérisé par une double opposition, nord-sud et ouest-est. D'ouest en est les précipitations diminuent. Le Caucase occidental reçoit jusqu'à 4 000 mm par an. Dans le Caucase central elles se situent entre 700 mm et 1 500 mm. La partie orientale est sèche et les bassins intérieurs du Daghestan (vallée de l'Avarskoe Koïssou) reçoivent moins de 300 mm par an. La transition est progressive sur le versant nord et sur le piémont où la ligne de partage des eaux entre la mer Noire et la Caspienne, dans le seuil de Stravropol bien que située à 900 mètres d'altitude n'est que la jonction de deux glacis faiblement inclinés. Elles est plus marquée en Transcaucasie où la plaine de Colchide est séparée de la Kartlie et du bassin versant de la Koura et de l'Araxe par la chaîne transversale de Likhskii qui relie le Grand Caucase au nord au Petit Caucase au sud. Le col de Sourami, agit comme une barrière naturelle.

Enfin la succession de versants et de dépressions favorise la présence de micro climats intramontagnards. Les dépressions longitudinales du versant septentrional du

Caucase, notamment en Ossétie du Nord, bénéficient d'un ensoleillement supérieur à celui du piémont.

Par-delà les effets de l'étagement et de l'exposition, des nombreuses frontières climatiques jalonnent la montagne à diverses échelles.

Les climats, les altitudes influencent la répartition d'aires biogéographiques aux limites plus ou moins nettes. Ainsi dans le Caucase, d'épaisses forêts de hêtres couvrent les versants occidentaux à l'étage montagnard. Elles sont surmontées de riches prairies d'altitude où dominent les hautes herbes, altherbosa, sur des tchernozium de montagne. Au Daghestan le Chibliak, formation d'arbustes mésoxérophyles de moyenne montagne laisse place à plus de 2 500 mètres à des prairies xérophytes.

2. Montagne et territoire

Dans les sociétés montagnardes l'unité de base est généralement la vallée. Comme on vient de le rappeler elle constitue un espace borné qui peut être isolé de l'aval par des gorges difficiles à franchir. La vallée se divise parfois en une succession de bassins. D'aval en amont et sur les versant latéraux, la complémentarité des milieux étagés a été mise à profit depuis fort longtemps. Jusqu'aux altitudes qui le permettent, les fonds de vallées sont cultivés à proximité des villages. Les cultures occupent le moindre replat. Ceci s'observe encore dans les montagnes d'Asie. Les prairies d'altitude sont vouées aux pâturages et aux fenaisons. La vie et le territoire d'usage prennent en compte les particularités de l'espace et s'organisent en fonction des bassins versant. Lorsque la superficie des pâturages atteint des dimensions importantes en amont, ils sont fréquentés l'été par les troupeaux venus de toute la vallée. Dans les régions de transhumance ovine on y rencontre des troupeaux venus des piémonts. Sur la ligne de partage des eaux se retrouvent côte à côte des troupeaux venus des vallées opposées.

À une organisation transversale à l'orientation globale de la montagne s'ajoutent des relations longitudinales, de vallée à vallée. C'est le cas par exemple des passages de troupeaux entre les vallées parallèles du Caucase central du nord.

Si la vallée est le cadre de la structuration des territoires de base, les crêtes n'en sont pas pour autant nécessairement des frontières. Elles sont traversées par le cheptel. Des troupeaux venus du Daghestan franchissent le Caucase pour hiverner dans les kichlaks des steppes de Shirvan en Azerbaïdjan. Inversement des troupeaux issus de Géorgie traversaient le Caucase central pour rejoindre les pâturages d'hiver de la steppe de Kizliar. Dans ces deux cas les montagnards cohabitaient, indépendamment de leur appartenance ethnique. Des droits d'usage ancestraux répartissaient les territoires entre les uns et les autres.

Les marchandises ont aussi franchi les montagnes. Pour les habitants des aouls des hautes vallées du Samour et des Koïssou dans le Caucase du nord oriental, les bazars et les bourgs les plus proches étaient situés au pied de la montagne sur son versant sud. Les montagnards n'hésitaient pas à traverser les cols pour s'y rendre. Cela leur prenait moins de temps que de descendre la vallée jusqu'en aval. Pour des populations qui se déplaçaient sur des sentiers accompagnées d'animaux de trait, les cols n'étaient pas un obstacle insurmontable.

L'analyse de la répartition ethnique des populations montre qu'il n'est pas rare qu'une même ethnie occupe les deux versants d'un massif montagneux. Ainsi les Ossètes occupent-ils les deux versants du Caucase central de part et d'autre de la chaîne principale dont les altitudes dépassent 5 000 mètres dans la région, avec des cols situés tous à plus de 2 400 mètres. De même des villages géorgiens sont implantés sur le versant nord depuis des temps reculés. Plusieurs peuples montagnards ont vécu dans les hautes vallées, de part et d'autre des chaînes axiales. Les Khevsours, géorgiens montagnards, résident dans la haute vallée de l'Aragvi des Pchaves, sur le flanc méridional du Caucase mais aussi à Shatili sur le versant nord, dans la vallée de l'Argoun. Quelques villages de Touchétie, comme Omalo sont de même habités par des Géorgiens dans la haute vallée de l'Andiskoe Koïssou sur le versant nord. Les liens entre ces villages ont pendant des siècles été plus étroits que ceux qu'ils entretenaient avec le monde extérieur.

De sorte que la montagne n'était pas un obstacle ni une frontière hermétique séparant deux mondes qui se seraient ignorés.

Certes des massifs montagneux comme l'Himalaya marquent les marges de mondes et de civilisations distincts, le monde chinois et le monde indien. Certes dans ces mêmes montagnes de nombreux isolats ont vécu à l'écart des empires environnants. Pourtant à l'échelle locale, voire régionale les choses semblent plus complexes. Des populations turciques résident dans le Tian Chan, sur ses piémonts orientaux, c'est-à-dire en Chine, et sur ses piémonts occidentaux, c'est-à-dire au Kazakhstan et au Kirghizstan. Autant dire que la frontière entre la Chine et l'empire russe puis l'URSS qui suit approximativement les crêtes majeures, ne correspondaient en aucun cas aux pratiques ni aux territoires des populations locales.

3. Population autochtones, états extérieurs

En fait c'est avec la constitution des états modernes que les montagnes ont commencé à servir de point d'appui pour définir des frontières étatiques. La plupart de ces états se sont constitués à partir de centres situés en dehors des montagnes. Ces dernières ont été perçues comme des périphéries.

Le cas de la Savoie est à cet égard exemplaire. Le Royaume de Piémont-Savoie s'étendait de part et d'autre des Alpes. Le référendum de 1860 a rattaché la Savoie à la France et la ligne de faîte est devenue frontière. La Confédération Helvétique, fondée au cœur des Alpes a su conserver son unité politique indépendamment de l'écartèlement des vallées qui la constituent. Elle reste un cas original.

L'exemple du Caucase est on ne peut plus édifiant. La pénétration russe qui s'est faite à partir du nord-ouest a commencé par le piémont nord progressivement soumis entre le XVIe siècle et 1857 quand fut fondé Port-Petrovsk, l'actuelle Makhatchkala. Il s'agissait pour la Russie de repousser ses frontières le plus loin possible vers le sud dans le cadre d'une stratégie d'ouverture vers la mer Méditerranée et de rivalité avec l'empire Ottoman. Après l'accord de Gueorgievsk, en 1783, les princes géorgiens demandèrent leur intégration et celle de leur pays à l'empire ce qui fut réalisé en 1801. Les montagnards restaient insoumis. Les guerres du Caucase, durèrent jusqu'en 1864 date de la soumission des Tcherkesses, six ans après la défaite de Chamil, qui avait fédéré les Tchétchènes et les Daghestanais. Le nord fut rattaché aux gouvernorats du Kouban, de Stavropol et du Térek et le sud au gouvernorat de Tiflis (aujourd'hui Tbilissi). Après la révolution bolchevique, la politique des nationalités suivie par Staline définit la nationalité à partir de la langue maternelle, c'était déjà le cas dans l'empire. Elle permit d'octroyer un territoire autonome aux nationalités. Les peuples numériquement nombreux obtinrent un territoire national. Mais le critère quantitatif ne fut pas le seul. La création des républiques de Transcaucasie et des territoires nationaux du Caucase du nord ne fut pas réalisée en une seule fois. Le choix des territoires et la définition de leurs frontières se fit par étapes qui reflètent les hésitations du pouvoir. Une république éphémère de Transcaucasie exista de 1924 à 1936 avant d'être remplacée par les trois républiques qui deviendront indépendantes en 1991, l'Arménie, l'Azerbaïdjan et la Géorgie. Au nord on vit une République des Montagnards qui ne tarda pas à être morcelée. Le cas des « peuples punis » rappelle l'importance des facteurs rigoureusement politiques. Parmi ces punis, les Tchétchènes qui perdirent leur reconnaissance en tant que nationalité en 1944, et par voie de conséquence n'eurent plus de territoire. Celui dont il furent chassés fut dénommé de 1944 à 1957 oblast de Groznyi.

Ceci conduisit à un découpage qui n'épouse pas systématiquement les limites naturelles. La Fédération de Russie occupe le versant nord, mais pas dans sa totalité puisque l'extrémité orientale est située en Azerbaïdjan (voir croquis). Inversement la partie occidentale du Caucase, fait entièrement partie de la Russie qui s'étend donc sur les deux versants. Dans le détail, plusieurs villages et un district géorgiens sont situés sur le versant nord. Qui plus est, une nationalité du Caucase oriental, les Lesghis, est partagée à peu près à égalité de ses 400 000 ressortissants entre la Russie et l'Azerbaïdjan. Cela n'eut aucune importance jusqu'à l'implosion de l'URSS. En effet le passage des frontières intrasoviétiques ne donnait lieu à aucun contrôle si ce n'est sur les drailles un contrôle sanitaire. À la suite des indépendances le passage de ces frontières fut soumis au contrôle des autorités policières, douanières et parfois militaires. Des groupes nationalistes purent empêcher tout franchissement comme ceux qui filtrèrent la route du col de la Croix en 1991 et 1992. Il s'en suivit une coupure entre les républiques, coupure qui traverse la montagne mais dont la cause politique n'a rien à voir avec les pratiques locales liées à un obstacle naturel. Les montagnards en subirent les conséquences. Ils durent renoncer à l'ancestrale transhumance et durent abattre la plus grande partie de leur cheptel. Ils furent isolés de piémonts parfois tout proches. Les habitants du district de Kazbegui n'ont désormais plus la possibilité de se rendre à Vladikavkaz, distante de 45 km, en suivant le Térek. Pour accéder à une ville et à ses équipement et services urbains, ils doivent désormais franchir la chaîne axiale et parcourir 150 km pour atteindre Tbilissi.

Des cas similaires s'observent en Asie centrale. La vallée du Zerafshan débouche dans le piémont entre les villes de Pendjikent, située au Tadjikistan, et de Samarcande, située en Ouzbékistan. Dans une région où aucun état moderne ni borné n'avait existé avant la fixation de frontières par le pouvoir soviétique, les Tadjks de la vallée migraient traditionnellement vers Samarcande soit pour s'y installer, soit pour se rendre aux bazars. La frontière est aujourd'hui sévèrement surveillée. Des barbelés et des champs de mines antipersonnelles, installés par les autorités ouzbékistanaises, réduisent le passage à un poste dont le franchissement, obligatoirement à pieds pour les populations locales peut durer plusieurs heures. D'accès facile depuis l'aval, la vallée du Zerafshan est devenue une enclave. Cette frontière a soulevé un nouveau problème, celui de la gestion de l'eau. Elle était organisée au niveau fédéral et donc transfrontalier, à l'échelle du bassin versant. Ce n'est plus le cas et l'on voit surgir des conflits interétatiques à propos du partage des ressources.

Le développement des modes de transports mécaniques, en particulier le transport automobile et le transport ferroviaire et la motorisation des armées ont d'une certaine façon contribué à représenter la montagne comme un obstacle à la circulation et par voie de conséquence comme une barrière naturelle à même de supporter une frontière plus facile à contrôler dans une région accidentée qu'en région de plaine du moins face à une agression utilisant des moyens mécaniques lourds. Avec certes prudence et non sans difficultés, les montagnards franchissaient les cols avec leurs chevaux et mulets. On eut beaucoup de mal à construire des routes et plus encore des voies ferrées dans les montagnes. La solution la plus facile, hormis le franchissement de gorges, fut de les installer dans les vallées. Les Alpes font figure de contre exemple avec les grandes percées routières et ferroviaires. Mais dans le Caucase, aucune voie ferrée ne franchit la montagne et seules trois routes carrossables traversent la chaîne dans sa partie centrale. C'est donc par rapport aux réseaux de circulation, routes et éventuellement voies ferrées, que des vallées, et singulièrement en amont, se sont retrouvées en situation d'impasse et finalement de frontière. Paradoxalement, les réseaux modernes ont pu dégrader l'accessibilité.

Les frontières d'état sont toujours issues d'un compromis ou d'un consensus. La plupart des états contemporains se sont constitués à partir de centres localisés en dehors des massifs montagneux. Ces derniers ont alors été perçus comme un rempart protecteur périphérique. Il n'en va pas de même pour les populations montagnardes pour lesquelles la montagne a été le centre et les piémonts des périphéries. Les frontières érigées entre les états les ont souvent privées de leurs territoires ancestraux. Le maillage n'est en fait pas plus naturel en montagne que dans d'autres lieux. Les massifs montagneux comprennent des frontières naturelles. En faire des frontières politiques dépend de ceux qui détiennent le pouvoir.

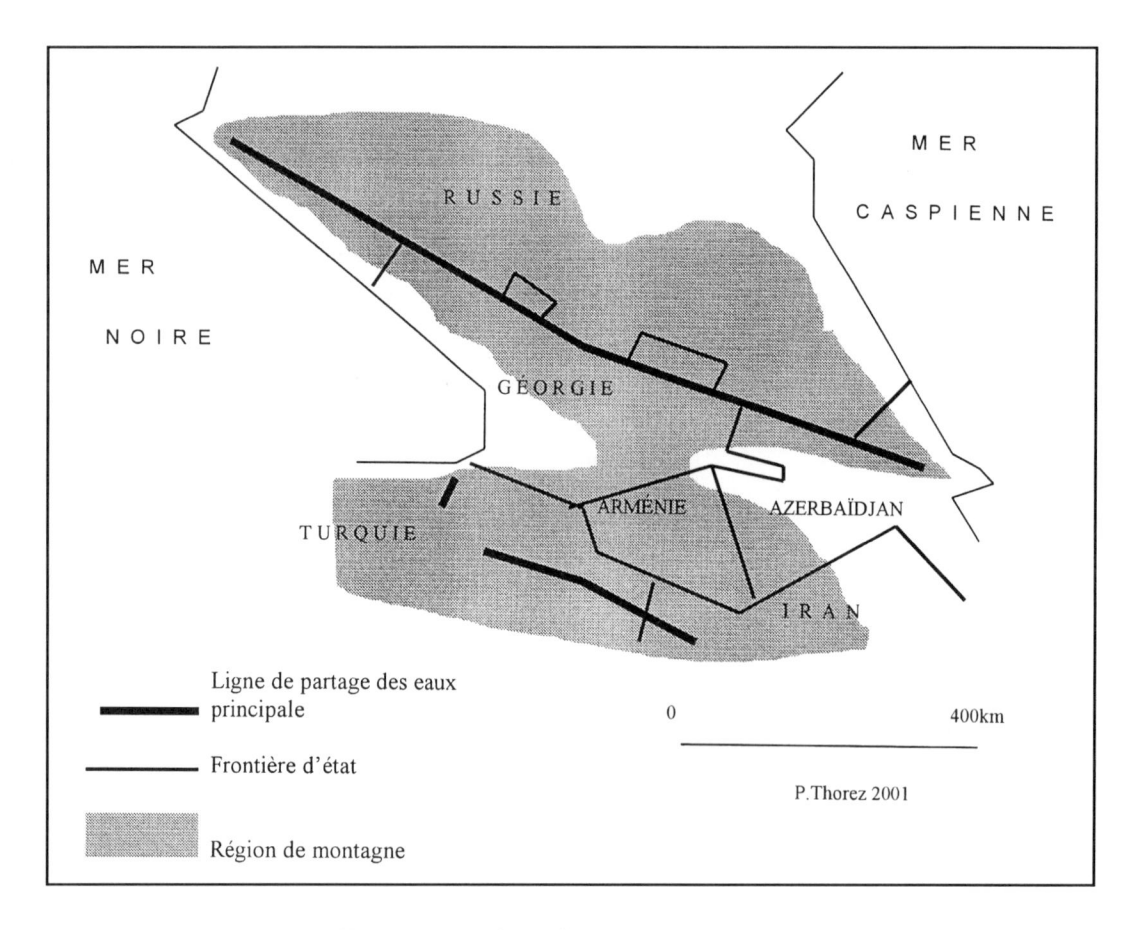

Montagne et frontières dans le Caucase

Deuxième partie :
Sociétés et activités

La géographie de la population des États montagneux dans le monde à l'orée du XXIe siècle

Gérard-François DUMONT

Conseils méthodologiques

Analyser les termes du sujet : la géographie de la population étudie les relations entre population et espace. Un État est un groupement humain soumis à une même autorité, ce qui signifie que le sujet porte exclusivement sur des États, non sur les espaces infranationaux (régions, province). Il est montagneux lorsque sa géographie est caractérisée par la présence de spécificités propres à la montagne sur la majeure partie du territoire (hauts-reliefs, contreforts, piémonts, hauts plateaux...), alors que les plaines éventuelles, en altitude ou relativement étroites, ne représentent qu'une faible proportion de sa superficie.

Le champ géographique et temporel : la distinction entre un État montagneux ou non montagneux peut prêter à discussion, et peut nécessiter des précisions expliquant certains choix. Concernant le champ temporel, l'orée du XXIe siècle exige de considérer les données démographiques les plus récentes.

*
* *

Les États souverains qui composent la planète se partagent également deux grandes facettes de l'écoumène, les plaines et les montagnes. Le territoire de certains pays, comme l'Uruguay, comprend essentiellement des plaines. D'autres, comme la France, le Maroc ou l'Algérie, disposent à la fois de plaines et des diverses facettes du milieu montagneux (hauts-reliefs, contreforts, piémonts, hauts plateaux, hautes vallées...). Enfin, certains États peuvent être considérés comme montagneux dans la mesure où la majeure partie de leur superficie présente ce caractère.

La connaissance de la géographie de la population de ces États suppose de traiter deux questions. D'abord, de tels États représentent-ils des populations importantes sur la planète, et leur niveau de densité est-il dépendant de ce caractère montagneux ? Ensuite, ont-ils des caractéristiques propres dans la dynamique de leur population à l'orée du XXIe siècle ? Pour répondre à ces interrogations, il convient d'abord d'examiner la répartition des populations des États montagneux dans le monde, avant d'étudier leur typologie démographique.

1. La répartition des populations des États montagneux

Selon la définition des États montagneux précisée dans l'introduction, vingt-et-un États du monde peuvent être considérés comme montagneux. Ce caractère n'est pas discutable pour la Suisse, le Lesotho, ou le Népal, mais suppose dans d'autres cas une analyse plus approfondie. Par exemple, le type montagneux de la Slovaquie peut être validé par l'Histoire puisque c'est pour compenser l'absence de grandes plaines labourables dans cette région que les signataires du traité de Versailles avaient rattaché à la Tchécoslovaquie les basses terres de la rive gauche du Danube, de Bratislava à Esztergom, bien qu'elles fussent occupées par une majorité hongroise. En revanche, la Norvège ne sera pas retenue parmi les États montagneux, bien que les montagnes y représentent 62 % du territoire, car ce pays dispose d'un climat maritime qui est la principale explication de la géographie de son peuplement.

Les populations des États montagneux se répartissent sur différents continents et comptent des densités nationales variées.

A. La répartition démographique

Parmi les vingt-et-un États montagneux, les populations sont très différenciées allant de l'Éthiopie, 64 millions d'habitants en 2000, au Liechtenstein, 30 000 habitants (selon l'International Data Bureau : IDB). Parmi les vingt-cinq pays les plus peuplés de la planète, comptant 49 millions d'habitants ou plus, ne figure qu'un État montagneux, l'Éthiopie. Les vingt-et-un États montagneux totalisent 275 millions d'habitants, soit 4,5 % de la population dans le monde, et se localisent sur les différents continents. Deux États montagneux se trouvent en Afrique, soit l'Éthiopie citée ci-dessus, vaste comme presque deux fois la France, et le Lesotho, avec 2,14 millions d'habitants et 30 400 km^2. L'Asie centrale du Sud compte cinq États montagneux, soit par ordre décroissant de population, l'Afghanistan (25,9 millions d'habitants en 2000), le Népal (24,7 millions d'habitants), deux ex-Républiques d'URSS, le Tadjikistan (6,4 millions) et le Kirghizistan (4,7 millions), et enfin le Bhoutan (2,01 millions), au cœur de l'Himalaya oriental.

Les États montagneux de l'Asie occidentale sont l'un sur la Méditerranée, le Liban (3,58 millions d'habitants), et les trois autres en Transcaucasie : Arménie (3,34 millions), Azerbaïdjan (7,7 millions) et Georgie (5,02 millions).

En Amérique, peuvent être considérés comme États montagneux les quatre pays de l'Amérique andine, la Colombie (39,7 millions d'habitants), le Pérou (27 millions), l'Équateur (12,9 millions) et la Bolivie (8,15 millions), plus le Chili (15,15 millions).

Les cinq États montagneux d'Europe sont contigus de la Suisse (7,26 millions d'habitants) à la Slovaquie (5,4 millions), en passant par le Liechtenstein (0,03 million), l'Autriche (8,13 millions) et la Slovénie (1,93 million).

Au total, la répartition démographique par continent est inégale : 66 millions d'habitants en Afrique, 103 millions en Amérique et plus précisément en Amérique du Sud, 84 millions en Asie, et 23 millions en Europe. Rapportée au peuplement de l'ensemble du sous-continent, l'Amérique du Sud se trouve également, en poids démographique relatif, la région comptant le plus de populations montagneuses.

Il convient désormais de considérer ces populations en fonction des superficies des États considérés en se demandant si le caractère montagneux d'un État implique un certain niveau de densité.

B. Des peuplements très inégaux

La densité des États montagneux les classe parmi les plus hautes densités nationales, comme la Suisse (359 habitants/km^2) ou le Liban (350 habitants/km^2 toujours selon les chiffres de l'IDB différents de ceux du *Population Reference Bureau*), ou parmi les plus faibles, comme la Bolivie (8 habitants/km^2). Le caractère montagneux ne peut donc permettre de préjuger l'importance du peuplement. D'autres facteurs géographiques et historiques entrent donc en compte, comme les comportements des hommes, leurs capacités à exploiter la montagne, la latitude ou le rôle de refuge exercé par certains territoires montagneux.

Aucune typologie claire ne se dégage, car les densités s'étagent sans logique décelable aux différents niveaux intermédiaires entre la plus basse et la plus élevée. On ne constate pas non plus de typologie régionale. Par exemple, la densité de la Suisse est plus de trois fois et demie supérieure à celle de l'Autriche, celle du Népal 4,2 fois supérieure à celle du Bhoutan, celle de l'Équateur 5,9 fois supérieure à celle de la Bolivie. Même en Transcaucasie où les écarts sont moindres, la densité de l'Arménie est 1,65 fois celle de la Géorgie. En Afrique, la densité de l'Éthiopie (64 habitants/km^2) est proche de celle du Lesotho (71 habitants/km^2), mais aucune logique géographique ne peut expliquer ces données, compte tenu des différences de latitude entre ces deux États.

Un autre critère explicatif des écarts de densité pourrait tenir à la différence entre les États montagneux bénéficiant d'une façade maritime et les autres. Mais il n'est nullement discriminant. La Suisse, le Népal, l'Arménie ou la Slovaquie, États continentaux, sont plus denses que la Géorgie, la Colombie ou l'Équateur. Le Bhoutan est plus dense que le Chili qui dispose d'une longue façade maritime sur le Pacifique.

Un autre aspect du peuplement permet de constater l'existence de grandes villes à des altitudes importantes dans certains pays montagneux. Cinq agglomérations comptent plus de deux millions d'habitants, dont trois en Colombie : Bogota, avec 7,4 millions d'habitants, se trouve à 2 600 mètres. d'altitude ; Medellin, 3,2 millions d'habitants à 1 400 mètres ; et Cali, 2,3 millions d'habitants à 650 mètres. La capitale de l'Afghanistan, Kaboul, à 1 800 mètres. d'altitude, compte 2,5 millions d'habitants. Les 2,5 millions d'habitants de la capitale de l'Éthiopie, Addis-Abeba, vivent à 2 500 mètres. Ces données montrent que l'armature urbaine des pays montagneux, qui privilégie parfois d'étroites bandes de plaines ou des plaines côtières, ne délaisse pas l'altitude, notamment lorsque les conditions de latitude sont favorables.

Le caractère montagneux d'un État ne permet donc pas de préjuger de sa densité, quel que soit le massif auquel il appartient. L'éventail des peuplements des États montagneux laisse-il la place à des typologies opératoires en considérant les dynamiques démographiques ?

2. Les dynamiques démographiques

Toute population considérée à une période donnée se caractérise par ses niveaux de mortalité et de natalité, d'où résulte son régime d'accroissement naturel. Ce dernier permet de distinguer les populations qui ont terminé leur transition démographique, et celles qui sont en train de la parcourir. Parmi les États montagneux, les premiers, hormis une exception, se situent en Europe ou en Asie occidentale. Les seconds en Asie centrale du Sud, en Amérique du Sud ou en Afrique.

A. Les États montagneux dans la transition démographique

Le schéma de la transition démographique, qui s'applique de façon quasi-universelle, vaut évidemment pour les États montagneux. Les quatre d'entre eux les moins avancés dans la transition sont l'Éthiopie, le Bhoutan, le Tadjikistan et l'Afghanistan, dont les taux de mortalité infantile en 2000 dépassent encore 100 décès pour mille naissances. Ces mêmes quatre pays enregistrent des taux de natalité égaux ou supérieurs à 34 pour mille habitants. Ils se trouvent en conséquence dans la première étape de la transition et, compte tenu de leurs retards sanitaires et économiques, le calendrier à venir de la transition reste improbable. En particulier, l'écart d'espérance de vie entre les deux sexes en Afghanistan, au profit du sexe masculin, met en évidence un traitement inégal qui ne laisse pas augurer des progrès sanitaires rapides pour l'ensemble de la population. (cf. figure de la typologie démographique)

Parmi les cinq autres États montagneux (l'Azerbaïdjan, le Lesotho, le Kirghizistan, le Népal et la Bolivie) dont les populations ont amorcé la seconde étape de la transition, les situations sont contrastées. L'abaissement des taux de natalité en dessous de 35 naissances pour mille habitants, et même à 28 pour la Bolivie, et celui des taux d'accroissement naturel confirment l'avancée de ces quatre États dans la seconde étape de la transition. Des progrès dans la lutte contre la mortalité sont encore possibles dans ces pays dont les taux de mortalité infantile se situent entre 60 et 83 décès pour mille naissances. Dans ces cinq pays, l'indice de fécondité s'est abaissé en dessous de 5 enfants par femme et même à 2,2 pour l'Azerbaïdjan. Ce pays se trouve dans une situation originale avec un indice synthétique de fécondité très bas pour un taux de mortalité infantile encore à 83 décès pour mille naissances et une espérance de vie à la naissance de seulement 62,9 ans.

Enfin, trois États de l'Amérique andine, la Colombie, l'Équateur et le Pérou, comptent des taux de mortalité infantile entre 25 et 35 décès pour mille naissances, des espérances de vie ayant dépassé 70 ans et des fécondités abaissées entre 3,2 et 2,7 enfants par femme. La Colombie semble le pays le plus proche de la fin de la transition, car il connaît les plus bas niveaux des trois pays considérés pour la mortalité infantile, la fécondité, et le taux d'accroissement naturel.

Au regard de la typologie des régimes naturels se situant dans la transition démographique, la géographie reprend ses droits puisque les évolutions des pays considérés entrent dans des logiques régionales, ce qui est confirmé par l'examen des pays ayant terminé leur transition.

B. Les États montagneux en situation postransitionnelle

Respectant la définition selon laquelle la transition est incontestablement terminée dans un pays à faible taux de mortalité infantile dont la fécondité est égale ou inférieure au seuil de remplacement des générations, neuf États montagneux se trouvent dans cette situation, même si deux anciennes républiques d'URSS situées en Transcaucasie présentent des caractéristiques particulières. En effet, l'Arménie et la Géorgie comptent des fécondités particulièrement basses (respectivement 1,5 et 1,4 enfant par femme) pour des pays dont le taux de mortalité infantile s'élève respectivement à 41 et 53 décès pour mille naissances. Il en résulte un taux d'accroissement naturel négatif en Géorgie. De même, la fécondité du Liban est plutôt faible (2,1 enfants par femme) compte tenu du taux de mortalité infantile (29 pour mille) ; le cas du Liban est assez particulier car les comportements démographiques nationaux sont la moyenne de données différenciées selon les différentes communautés.

Les six autres pays en situation postransitionnelle s'inscrivent assez bien dans leur logique régionale. Certes, on pourrait s'étonner d'y trouver le Chili, mais ce pays se rattache davantage à l'Amérique du Sud tempérée qu'à l'Amérique du Sud intertropicale.

La typologie démographique des États montagneux

(Graphique : taux de mortalité infantile (TMI) pour mille naissances en ordonnée, Indice synthétique de fécondité ISF (enfants par femme) en abscisse)

Première étape :
- Afghanistan (ISF ≈ 6, TMI ≈ 147)
- Tadjikistan (TMI ≈ 117)
- Bhoutan (TMI ≈ 110)
- Ethiopie (TMI ≈ 100)

Seconde étape amorcée :
- Azerbaïdjan (TMI ≈ 82)
- Lesotho
- Kirghizistan (TMI ≈ 77)
- Népal
- Bolivie (TMI ≈ 60)

Fin pour l'ISF :
- Géorgie (TMI ≈ 52)
- Arménie (TMI ≈ 41)
- Liban (TMI ≈ 29)

En fin de transition :
- Pérou (TMI ≈ 42)
- Equateur (TMI ≈ 35)
- Colombie (TMI ≈ 25)

Période postransitionnelle :
- Slovaquie (TMI ≈ 9)
- Chili (TMI ≈ 10)
- Slovénie, Autriche, Liechtenstein, Suisse

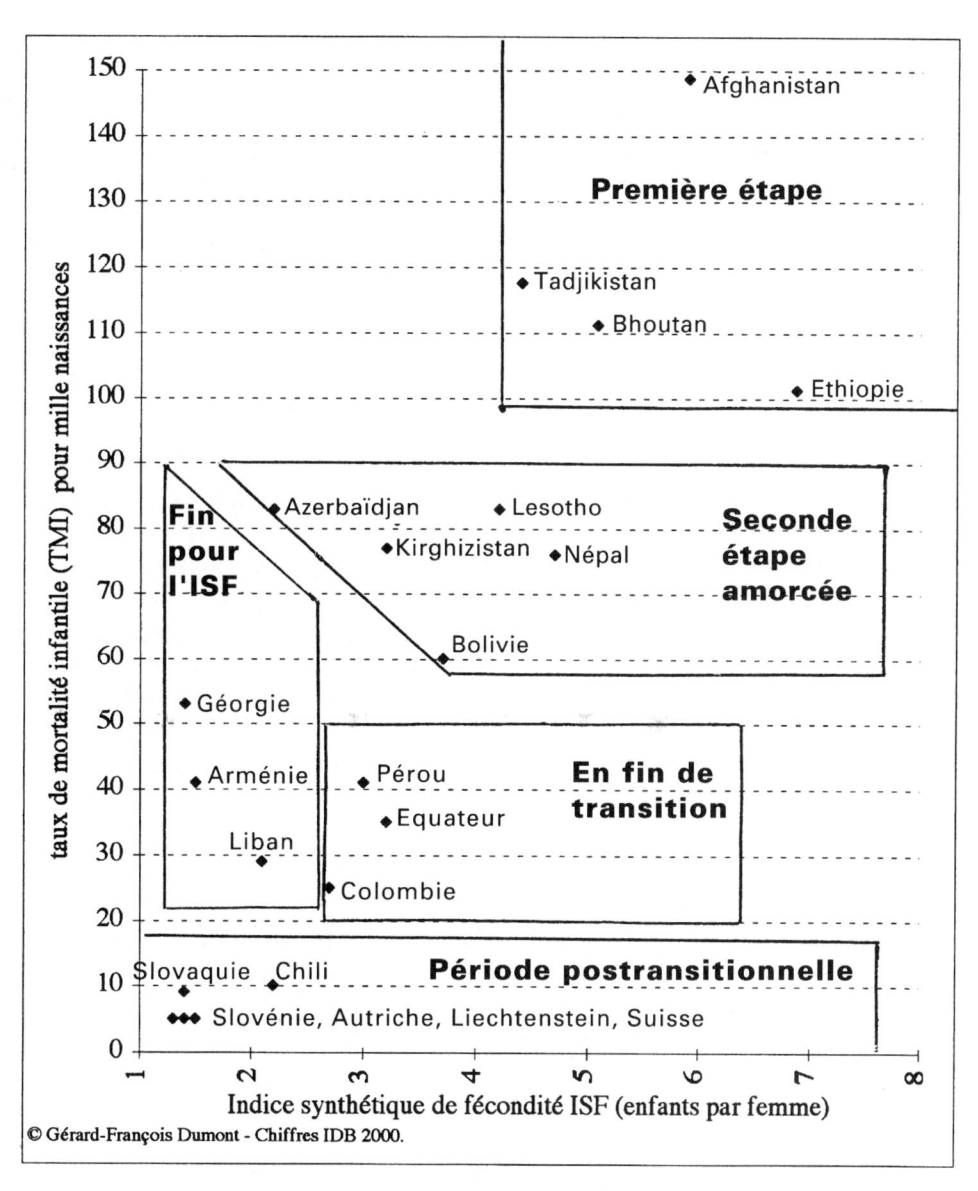

© Gérard-François Dumont - Chiffres IDB 2000.

La typologie démographique des États montagneux

Sa situation démographique est donc davantage comparable à celles de l'Argentine ou de l'Uruguay.

Les cinq autres pays, Suisse, Autriche, Liechtenstein, Slovaquie et Slovénie, sont des pays d'Europe médiane dont la fécondité est égale ou inférieure à 1,5 enfant par femme, donc très affaiblie. Leur régime démographique est comparable à celui de leurs voisins européens. Outre un taux de mortalité infantile toujours inférieur à 10 décès pour mille naissances, ces pays se caractérisent par un vieillissement de leur population et par un accroissement naturel très faible, voire négatif comme en Slovénie.

En dépit de certaines exceptions, le régime démographique naturel des pays montagneux entre donc dans des logiques régionales. Un constat semblable peut-il s'appliquer au régime migratoire ?

C. Les différents régimes migratoires

Cette question est malaisée à traiter compte tenu des insuffisances de connaissance des flux migratoires ; néanmoins, les indications fournies par certains pays et des informations indirectes permettent de différencier les pays montagneux, certains étant des pays d'immigration et d'autres des terres d'émigration.

Parmi les premiers figurent des États européens : la Suisse, le Liechtenstein, l'Autriche, la Slovénie et la Slovaquie comptent des soldes migratoires positifs. Cette situation est ancienne pour les trois premiers pays cités ; elle est plus récente, postérieure à l'implosion soviétique, pour les deux autres. Le solde migratoire de la Slovaquie, continûment négatif de 1960 à 1990, est devenu positif en 1991 puis depuis 1993. Le solde migratoire de la Slovénie a été très variable depuis 1960, notamment en fonction des émigrations vers l'Allemagne ou des retours de migrants, puis des échanges migratoires avec d'autres républiques de l'ex-Yougoslavie (Croatie, Bosnie-Herzégovine et Serbie). Officiellement positif depuis 1999, il illustre la nouvelle situation de la Slovénie qui attire notamment de la main-d'œuvre de Bulgarie ou de Roumanie compte tenu des besoins de son économie.

Du côté des pays d'émigration, deux groupes distincts apparaissent. Le premier correspond aux ex-Républiques soviétiques d'Asie centrale du Sud, le Tadjikistan et le Kirghizistan, dont les populations d'origine russe regagnent la Fédération de Russie depuis l'implosion soviétique. En Transcaucasie, la Géorgie et l'Azerbaïdjan sont dans une situation comparable, mais à l'orée du XXIe siècle, leurs flux d'émigration vers la Russie se tarissent. Quant à l'Arménie, c'est également, depuis 1993, un pays d'émigration vers des destinations qui semblent plus diverses que les départs des deux précédents pays cités.

L'Amérique andine forme une autre zone montagneuse d'émigration vers d'autres pays d'Amérique du Sud (Venezuela notamment), vers le Mexique, vers l'Amérique du Nord et l'Espagne. Par exemple, le nombre d'émigrés colombiens pour les années 1997-2000 est estimé à 800 000 personnes.

L'analyse du mouvement migratoire confirme l'importance des logiques géographiques, la typologie migratoire des États montagneux s'inscrivant dans des logiques régionales.

*
* *

Le nombre des États montagneux, selon la définition pro posée en introduction, représente le dixième des pays membres de l'Organisation des Nations Unies et leur poids démographique 4,5 % du peuplement de la terre. La géographie de leur population est extrêmement diversifiée, au regard du peuplement, du mouvement naturel ou du mouvement migratoire. Cette diversité ne peut trouver d'explication géographique en considérant le peuplement, car les densités ou les armatures urbaines ont des caractéristiques variables, même entre des pays appartenant aux mêmes chaînes de montagne et aux mêmes latitudes. En revanche, l'appartenance régionale des États montagneux permet de comprendre en grande partie leurs différences de régime naturel ou de régime migratoire.

Le caractère montagneux d'un État n'est donc pas un facteur discriminant de ses spécificités démographiques. Plus important est le comportement des hommes et l'histoire démographique du contexte régional pour comprendre l'état et la vie des populations de ces États.

Éléments bibliographiques

DUMONT G.-Fr., *Les Populations du monde*, Paris, A. Colin, 2001.

WACKERMANN G. *et alii, Montagnes et civilisations montagnardes*, Paris, Ellipses, coll. « Carrefours de géographie – dossiers », 2001, 192 pages.

Populations et peuplements des régions de montagne

Anthony SIMON

Conseils méthodologiques

Le libellé du sujet se singularise par l'association de deux termes souvent confondus mais pourtant différents dans leurs définitions. Il s'agit de comprendre la diversité des modes d'occupation des montagnes (les peuplements), et des caractères de leurs habitants (les populations). En aucun cas, votre analyse ne devra dissocier ces deux mots-clés du sujet mais, au contraire, les associer en permanence pour dégager l'évolution et les spécificités des êtres humains vivant dans les montagnes du globe.

En dépit de conditions naturelles souvent difficiles, une proportion significative de la population mondiale habite dans les régions montagneuses. Or, il apparaît impossible d'estimer avec précision son importance tant les données varient en fonction de la définition et de l'extension des montagnes. Ainsi, si l'on considère la montagne dans une acception large, en tant que région de forte altitude s'élevant par rapport aux bas pays environnants, incluant la moyenne montagne et toutes les hautes terres d'Afrique et d'Amérique, c'est 10 % de la population mondiale qui vivrait en montagne. Si toutefois on se limite à la haute montagne, c'est 2 % seulement de cette même population terrestre qui habiterait les régions de forte altitude avec, en 1996, environ 33 millions d'habitants dans l'Himalaya, 26 millions dans les Andes, et 11 millions dans les Alpes (estimations citées dans *Les Montagnes dans le monde*, Glénat, 1999).

En général, les montagnes présentent un peuplement relativement faible, à l'exception des hauts plateaux intertropicaux, et les apparences sont parfois trompeuses car, en dépit de basses densités, de nombreuses régions de montagne sont surpeuplées compte tenu de la faiblesse de leurs ressources disponibles sur place.

Il en découle une grande complexité dans l'appréciation de la distribution et des divers caractères des individus habitant les régions de montagne. De fait, il s'agit de dégager et de comprendre leurs spécificités résultant de leur adaptation à une nature contraignante de par la péjoration des phénomènes naturels.

- En quelque sorte, les conditions naturelles expliquent certains traits des populations et des peuplements montagnards liés à l'isolement qu'elles engendrent, l'appauvrissement des possibilités culturales et l'étagement de la vie imposés par le relief, les fortes altitudes, et la rudesse de climats froids. Cependant, il convient de se garder de tout déterminisme abusif car le rôle du milieu naturel ne saurait expliquer à lui-seul les différences considérables de l'occupation humaine des montagnes et les contrastes surprenants à mettre en rapport avec, d'une part, la pression démographique, d'autre part les facteurs sociaux et culturels ayant influencé les dynamiques de peuplement.

- De plus, principalement dans les pays développés, les régions de montagne traversent une crise depuis leur ouverture sur l'extérieur. La remise en cause de leur isolement protectionniste et de leurs économies traditionnelles révèle au grand jour leurs infériorités manifestes par rapport aux bas pays. En conséquence,

les populations montagnardes enregistrent un déclin quelque peu nuancé par leur degré d'intégration à l'économie libre-échangiste.
- Enfin, cette analyse des populations montagnardes devra rendre compte de la grande variété des modes de peuplement montagnard et de l'inégale occupation des massifs. Ainsi, les secteurs d'altitude franchement hostiles à l'homme sont des déserts, d'autres ont été ignorés lors de la colonisation des Pays Neufs, certains ont été écartés pour des raisons culturelles, et des hautes terres plus favorables que les bas pays restent densément occupées.

En somme, l'association de la typologie aux thématiques générales se révèle nécessaire pour rendre compte de l'unité et de la diversité des populations et des peuplements des régions de montagne.

*
* *

Des territoires montagnards globalement peu peuplés mais aux nuances multiples

Les régions de montagne couvrent une part importante de la surface terrestre et abritent une proportion non négligeable de la population : malgré des statistiques aléatoires, il est généralement admis qu'elles constituent un cinquième des terres émergées et qu'un dixième de la population mondiale y réside. Pourtant, l'intensité de l'occupation humaine est très variable et, en règle générale, les montagnes apparaissent comme des zones moins peuplées que leurs marges.

▶ C'est que le peuplement des montagnes reste conditionné par le poids des contraintes naturelles et de larges étendues sont impropres à l'occupation humaine, en raison de l'altitude et du froid extrêmes. Le dernier, plus intense et récurrent en montagne qu'ailleurs, se traduit, pour les hommes, par une réduction drastique des possibilités culturales, une adaptation de l'habitat dont le problème du chauffage devient crucial avec la rareté du bois, et un surcoût de l'élevage nécessitant un séjour prolongé à l'étable, d'où des investissements en bâtiments plus lourds qu'en plaine.

De plus, l'accroissement du volume des précipitations avec l'altitude s'ajoute, selon le lieu, aux rigueurs climatiques : dans les zones humides, l'excès de pluies compromet les cultures céréalières mais favorise l'herbe et le bois ; par contre, dans les zones touchées par l'aridité, les montagnes bénéficient de ce surcroît d'humidité et sont beaucoup plus accueillantes que les bas pays. Surtout, celles de la zone tempérée reçoivent de fortes précipitations neigeuses qui, pendant longtemps, ont isolé les habitants pendant la morte saison hivernale.

À ces incidences climatiques s'ajoutent les effets de la pente réduisant les terres cultivables, s'opposant parfois à la mécanisation des travaux agricoles, et limitant les facilités de circulation.

En définitive, le peuplement montagnard reste tributaire d'un ensemble de facteurs physiques qui règlent l'étagement de la végétation comme de l'occupation humaine. Celui-ci fait se distinguer plusieurs étages aux possibilités agricoles de plus en plus réduites avec la progression en altitude, allant de la basse montagne (ou piémont), à la moyenne montagne, puis à la haute montagne marquant la limite du peuplement permanent. Les seuils altitudinaux qui régissent cet étagement varient en fonction de la latitude pour augmenter des Pôles aux Tropiques, ainsi qu'avec l'exposition opposant les versants ensoleillés (ou adrets) favorables à l'habitat permanent et aux cultures à ceux exposés au Nord (ou ubacs) moins exploités.

◗ Pourtant, ces critères physiques, bien qu'essentiels, ne peuvent à eux seuls expliquer les variations considérables de l'occupation humaine, qui dépendent également de phénomènes culturels, des aléas de l'histoire, et des modes de colonisation des territoires montagnards.

– Ainsi, certaines montagnes apparaissent relativement sous-peuplées en regard de leurs avant-pays, alors que rien ne semble interdire leur mise en valeur agricole.

> Par exemple, les montagnes d'Extrême-Orient sont délaissées alors que les plaines sont très densément peuplées. Cette opposition résulte d'un fait de civilisation lié à la riziculture irriguée, culture intensive nécessitant des terroirs plats pour la mise en eau des parcelles et l'élévation du niveau avec la croissance des plants. Avec la croissance démographique, les Chinois comme les Japonais ont intensifié la riziculture dans les plaines et les bassins, aux dépens des montagnes encore largement occupées par la forêt.

– À l'opposé, des montagnes se révèlent très peuplées alors que les plaines voisines restent peu occupées. Cette situation a longtemps prévalu dans le bassin méditerranéen où la vie rurale dominée par le pastoralisme a privilégié les reliefs les plus élevés. Certes, les plaines côtières, insalubres car infestées par le paludisme, peu sûres car menacées par les pillages des pirates jusqu'au XVIIIe siècle, ont été logiquement évitées au profit des hauteurs. Mais, à cause de la prédominance de l'élevage, ces plaines ont servi de terrains de parcours d'hiver pour les pasteurs installés dans la montagne.

– Toujours dans les régions méditerranéennes, certaines montagnes peu peuplées jusqu'aux invasions arabes ont servi de refuges aux populations des plaines et abritent aujourd'hui des densités de peuplement nettement supérieures aux bas pays. Ces contrastes traduisent également une opposition de genres de vie entre les conquérants, nomades et pasteurs privilégiant les plaines, et les cultivateurs sédentaires réfugiés dans les hautes terres.

> Par exemple, en Afrique du Nord, le Haut Atlas et les Aurès sont encore tenus par les Berbères ayant conservé leur genre de vie fondé à la fois sur une agriculture en partie arboricole et une vie pastorale sur de courtes distances. De même, la Grande Kabylie offre des densités dépassant fréquemment les 100 habitants au km^2.

– Enfin, les modes de colonisation de territoires sont à l'origine de contrastes de peuplement entre montagnes.

> Dans les pays neufs d'Amérique, l'abondance de terres vierges et fertiles et le manque de main-d'œuvre pour leur mise en valeur justifient que les Montagnes Rocheuses aient été relativement délaissées par les immigrants européens. Il en résulte de très faibles densités de peuplement dans des états comme le Nevada et l'Idaho, inférieures à 5 habitants//km^2, et atteignant péniblement les 8 habitants/ km^2 dans l'Utah.

> En revanche, certains secteurs ont permis à des minorités ethniques de survivre face aux persécutions, comme les Mormons installés autour du Grand Lac Salé dès 1847, et les réserves indiennes implantées pour la plupart dans ces montagnes.

Au total, les forts peuplements montagnards se sont épanouis dans un cadre relativement fermé, proche de l'autarcie, et sous des genres de vie traditionnels imposés par le milieu naturel et les héritages de l'histoire.

Dès lors, l'ouverture des montagnes sur l'extérieur et leur intégration à l'économie dominante ont engendré des bouleversements sans précédent dont les répercussions se sont portées sur le peuplement et la population de ces régions.

Les montagnes, terres d'émigration continue depuis le XIXe siècle

Les montagnes n'ont jamais vécu en autarcie complète malgré leur isolement parfois total durant la morte-saison hivernale. Toutefois, elles ne s'ouvrent véritablement sur l'extérieur qu'avec la révolution des transports du XIXe siècle. Dès lors, le chemin de fer pénètre inégalement les montagnes des pays développés, puis, au XXe siècle, l'amélioration progressive des routes permet la desserte de l'ensemble des villages et hameaux de haute altitude.

▶ Ainsi, progressivement, la technologie s'insinue puis s'impose par facilité en plaine au détriment des hautes terres. Elle encourage l'exode amorcé en exagérant l'inégalité sociale et économique entre la plaine et la montagne, à laquelle s'ajoute l'archaïsme des structures foncières et le conservatisme des montagnards qui ont peu à vendre mais beaucoup à acheter.

La conséquence directe de toutes ces tendances : surpeuplement, crise des métiers d'appoint et insuffisance des relais à l'agriculture, est le déclin de campagnes ayant longtemps gardé des excédents de naissances, d'où la massivité de l'exode rural à partir des montagnes.

> Par exemple, eu égard aux variations des populations communales, on estime que la montagne française aurait perdu 600 000 habitants entre 1846 et 1911, soit un déclin de 15 % alors que, dans le même temps, la population française croissait de 11 %. La part de la montagne passe ainsi de 12 à 8 % du total. Puis ce triste constat est alourdi par les pertes humaines subies lors de la Première Guerre mondiale, conflit terrible saignant les forces vives, brisant les structures familiales et les fermes déjà affaiblies par l'exode.

Enfin, la crise la plus péniblement vécue sur le plan psychologique, une sorte de coup de grâce, va être, en 1936, la généralisation des vacances citadines, dont on ne s'imagine pas encore qu'elles seront le point de départ d'un renouveau démographique et économique lié au tourisme. Puis, l'après-guerre inaugure une seconde crise tout aussi désastreuse que la première dans l'évolution des sociétés montagnardes traditionnelles, accentuant les problèmes et les besoins d'une société paysanne en déclin inexorable.

L'exode se prolonge à peu près partout en montagne au moins jusqu'en 1968. Le mouvement présente une ampleur moindre que dans l'entre-deux-guerres, et, dans une large mesure, les départs constituent l'héritage géographique et professionnel des anciennes migrations temporaires. La nouveauté concerne la part devenue importante des migrations proches, notamment les déplacements vers des campagnes et des villes jugées plus attractives, et l'importance grandissante des flux féminins.

- En revanche, comparées à celles des pays industriels, les montagnes intertropicales apparaissent comme des régions de fort peuplement, souvent supérieur à celui des plaines, et qui révèlent certains avantages relatifs inconnus à de plus hautes latitudes. De fait, ces montagnes demeurent des mondes isolés où l'agriculture vivrière prévaut à l'écart des échanges de l'économie ouverte. Comme conséquence logique, elles entretiennent de fortes densités de population qui participent aussi au sous-développement des pays auxquels elles appartiennent.

- Enfin, à la différence des montagnes des pays en développement, les transformations de l'agriculture dans les pays industrialisés ont été à l'origine de la suppression de nombreux emplois agricoles occasionnant aussi un délestage démographique considérable. Or, depuis l'après-guerre, l'élévation du niveau de vie, la diffusion de l'automobile, et les progrès techniques en matière de remontées mécaniques sont à l'origine de l'implantation puis de l'essor d'une économie des sports d'hiver en altitude, fécondant principalement la haute montagne alpestre et les Rocheuses américaines.

L'adaptation de l'agriculture au tourisme, difficile au départ, a pourtant été possible presque partout parce que cette nouvelle forme d'économie correspond le mieux au rythme saisonnier de la haute montagne. Elle a constitué un moyen de remédier à la morte saison hivernale, et les paysans alpestres, au lieu d'émigrer, même s'ils ne se sont pas transformés d'eux-mêmes en hôteliers, ont pu, l'hiver, être employés d'hôtels, de commerces, de remontées mécaniques ou moniteurs de ski.

Du vide au surpeuplement : l'inégale occupation des régions de montagne

Au total, les particularités du milieu naturel, les spécificités culturelles, et les aléas de l'histoire aboutissent clairement à des formes d'organisation sociale ou économique spécifique, et des modes de peuplement contrastés entre les diverses régions de montagne.

- D'emblée, il faut souligner la faiblesse du peuplement des montagnes des hautes latitudes, où la sévérité du milieu naturel les place aux limites de l'œkoumène. De fait, l'absence de véritable été interdit les cultures, et au mieux, quelques troupeaux peuvent utiliser ces milieux hostiles. Ces espaces apparaissent donc comme des quasi déserts humains où l'occupation se trouve réduite à l'exploitation de gisements énergétiques ou métalliques particulièrement riches. Entrent dans ce cas de figure une grande partie des montagnes de Sibérie centrale et orientale, le nord des Rocheuses canadiennes, et l'extrême sud andin.

- Dans les montagnes des moyennes latitudes, le froid et la neige constituent des limites contraignantes à la vie humaine qui, de façon permanente, n'atteint guère que des altitudes modestes (1 500 à 2 000 mètres), mais n'ont jamais empêché l'extension de civilisations rurales aux limites des possibilités du milieu. Mais, dans certains cas, le déclin agricole aboutit à une véritable désertification avec réduction des superficies mises en valeur, extension de friches et de boisements, et villages vidés de leurs habitants. C'est le cas en France des Préalpes du Sud, des Cévennes et des Pyrénées ariégeoises.

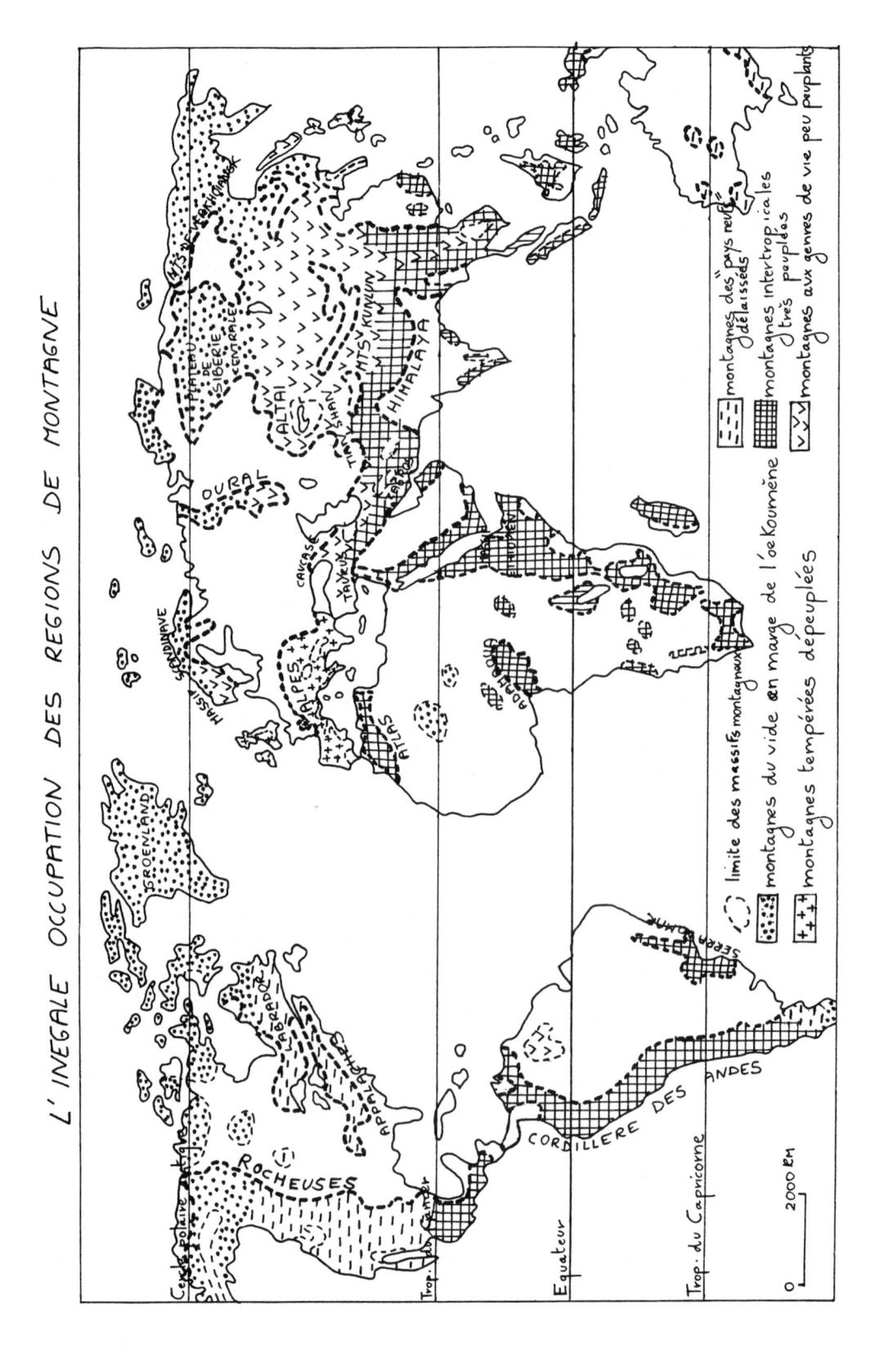

L'INÉGALE OCCUPATION DES RÉGIONS DE MONTAGNE

Légende :
- (⌒ ⌒) limite des massifs montagneux
- montagnes du vide en marge de l'oekoumène
- montagnes tempérées dépeuplées
- montagnes des « pays neufs » délaissés
- montagnes intertropicales très peuplées
- montagnes aux genres de vie peu peuplants

Dans la haute montagne, l'exploitation de la forêt et surtout le tourisme constituent désormais les deux axes majeurs d'une économie montagnarde diversifiée et du développement de territoires redevenus attractifs.

- Enfin, les montagnes intertropicales bénéficient d'un milieu moins rigoureux dans l'ensemble, voire même relativement favorable par rapport aux bas pays, atténuant le climat des plaines jusqu'à des altitudes élevées de l'ordre de 2 500 mètres, et devenant plus salubres avec la disparition progressive en altitude de certaines endémies. Ce cadre naturel favorise les fortes densités de population mais, d'une montagne à l'autre, les situations peuvent varier sensiblement en fonction de l'accès plus ou moins malaisé, d'une pression démographique inégalement ressentie, et de la pénétration inégale de l'économie monétaire.

  - Par exemple, les montagnes africaines abritent près de 100 millions de personnes, et 150 autres dépendent directement d'un approvisionnement en eau venu de ces hautes terres. De même, elles se signalent le plus souvent par de fortes densités humaines supérieures à celles des plaines.

    Ainsi, en Afrique occidentale, le Fauta-Djalon compte environ 50 habitants/km^2 contre une centaine pour l'Adamaoura. Les moyennes s'accroissent sur les hautes terres d'Afrique orientale, avec par exemple plus de 100 habitants/km^2 au-dessus de 1 500 mètres au Rwanda et au Burundi, alors que les secteurs à moins de 1 000 mètres atteignent à peine 50 habitants/km^2. De même, en Éthiopie, les densités frôlent les 400 habitants/km^2 entre 1 800 et 3 000 mètres, alors que les bas plateaux périphériques sont beaucoup moins peuplés.

  - Comme les hautes terres africaines, les montagnes sud-américaines concentrent des foyers de peuplement dense en hautes altitudes, et constituent ainsi de très bons exemples du rôle attractif que peut jouer la montagne. Malgré la désagrégation des civilisations précolombiennes, l'altiplano des Andes centrales compte encore des densités de 50 habitants/km^2 atteignant la centaine autour du lac Titicaca entre 3 800 et 4 000 mètres d'altitude. De même, 85 % des Équatoriens vivent dans les Andes, qui portent en Bolivie la plus haute capitale du monde : La Paz (3 700 mètres), et la ville minière la plus élevée : Potosi (4 100 mètres).

  - Enfin, dans la montagne himalayenne, l'optimum de peuplement se situe entre 1 000 et 3 000 mètres d'altitude, dans des bassins intérieurs bénéficiant d'un climat tropical tempéré par rapport au bas pays, où le froid n'intervient guère qu'aux marges supérieures. Cette zone de forte concentration humaine correspond ainsi à un optimum écologique permettant une riziculture en double récolte jusque vers les 2 000 mètres. Ainsi, au Népal, les vallées irriguées concentrent la population jusqu'à des densités régionales de 200 à 240 habitants/km^2, alors que, montagnes comprises, sur 140 000 km^2, la densité brute du pays est de 75 habitants/km^2.

*
* *

Ainsi, les modes d'occupation des régions de montagne résultent non seulement d'une adaptation aux conditions naturelles d'un milieu le plus souvent difficile pour l'homme, mais aussi de comportements particuliers dus à une pression démographique, de traits culturels et d'une histoire propres à chaque civilisation.

De plus, l'inégal degré d'ouverture des montagnes aux échanges économiques, et une croissance démographique contrastée expliquent les différences majeures existant entre les montagnes des pays industrialisés fragilisées par un dépeuplement de plus d'un siècle, et celles des pays intertropicaux en surcharge démographique compte tenu de surfaces disponibles et de techniques culturales insuffisantes. D'ailleurs, cette situation prévalait au XIXe siècle dans la plupart des montagnes européennes, avant l'exode rural suivi depuis peu par une reconquête ponctuelle suscitée par l'aménagement d'espaces de loisirs.

Dans ce contexte, les sociétés montagnardes prises entre traditions et modernismes doivent faire preuve de nouvelles capacités d'adaptation à des conditions économiques imposées de l'extérieur, tout en intégrant au mieux leurs héritages sociaux et culturels. Ces transformations contemporaines aboutissent souvent à une dépendance croissante à l'égard des plaines, s'accompagnant d'une perte des valeurs et des modes de vie traditionnels, et d'une érosion de l'identité culturelle des montagnards. De même, le tourisme engendre une réévaluation fondamentale de l'espace montagnard mais son impact, au demeurant limité à certains secteurs de haute montagne, contribue à opposer des groupes traditionnels repliés sur eux-mêmes et peu enclins à l'accueil de visiteurs, à d'autres novateurs mais davantage contrôlés de l'extérieur.

Au total, ces processus aboutissent à une certaine aliénation des sociétés montagnardes aux modèles proposés par les centres urbains de leurs avant-pays.

Permanences et mutations des agricultures montagnardes

Anthony SIMON

Conseils méthodologique

En dépit de profonds bouleversements économiques intervenus au XXe siècle, l'agriculture reste l'activité dominante dans la plupart des régions de montagne, d'où l'intérêt d'envisager les aspects traditionnels et les changements au sein de cette activité. L'analyse veillera à mettre en valeur les héritages auxquels sont confrontés les paysanneries montagnardes, issus d'une part des milieux physiques souvent contraignants, d'autre part de l'histoire agraire de ces territoires. Surtout, il s'agira de bien opposer les montagnes des pays développés marquées par la déprise et les difficultés de maintien de leurs agricultures, à celles des pays en voie de développement qui abritent encore des foyers de paysannerie repliés sur une agriculture de subsistance.

L'importance, les caractères particuliers, l'évolution, les enjeux et une géographie contrastée, tout concourt à donner à l'agriculture une dimension singulière en montagne, qui repose sur deux faits spécifiques.

En premier lieu, le poids que revêt l'agriculture reste exceptionnellement fort en montagne, malgré son recul et la grande variabilité des situations locales. Elle se présente très souvent comme une activité centrale et quasi exclusive dans un espace qui rassemble encore de nombreux « bastions » de la paysannerie dans le cas des pays en voie de développement.

Le deuxième aspect se rapporte à une agriculture restée essentiellement paysanne dans ses structures, même dans les montagnes des pays industrialisés, d'où des territoires durement affectés par la liquidation des petites fermes. Cependant, dans le cadre des pays développés, les mutations sans précédent ayant affecté les montagnes ont permis une restructuration des unités agricoles dont la taille moyenne actuelle traduit un certain rattrapage par rapport aux données globales.

Il n'en demeure pas moins que de nombreux enjeux sont associés aux agricultures montagnardes, opposant radicalement les pays en voie de développement où l'activité terrienne vise principalement à nourrir les populations locales parfois trop nombreuses pour les possibilités du milieu, et les pays industrialisés où le maintien d'une agriculture montagnarde vivante est indispensable pour préserver le cadre de vie des habitants, les paysages supports de l'activité touristique et certains écosystèmes remarquables façonnés par l'homme.

En conséquence, de par ses permanences et ses mutations, la restructuration de leurs économies agricoles constitue un enjeu essentiel pour les montagnes de la planète. Dans cette perspective, l'analyse des dynamiques animant les systèmes de production vivriers ou commerciaux, parfois les deux associés, des agricultures montagnardes, et de leur diversification économique nous conduira à souligner les situations contrastées entre massifs et la grande diversité des orientations retenues par les exploitations montagnardes.

- Malgré le progrès technique, les agricultures montagnardes contemporaines rencontrent encore de multiples obstacles : les uns sont liés aux conditions physiques du milieu, les autres découlent de structures agraires héritées et dominées par les petites exploitations.
- Or, en dépit de traits quelques peu conservateurs, les agricultures montagnardes sont de plus en plus ouvertes vers une économie de marché. Il en résulte des mutations sans précédent dans l'histoire de ces territoires qui se traduisent par des évolutions contrastées : ainsi, dans les montagnes intertropicales, la forte pression démographique oblige à intensifier les cultures aux dépens de l'élevage, et associer à l'activité terrienne d'autres sources de revenus. Au contraire, dans les montagnes tempérées, la simplification des systèmes agricoles se fait au profit de l'élevage et la promotion d'un modèle de développement axé sur une production de qualité reconnue et certifiée.
- Au total, ces permanences et mutations des agricultures montagnardes se traduisent par des clivages essentiels entre les montagnes des pays en voie de développement, foyers traditionnels de la petite paysannerie d'altitude, et celles des pays développés où l'agriculture cherche de nouvelles voies de maintien et de développement.

*
* *

Des agricultures montagnardes tributaires des conditions physiques et des héritages agraires de leurs milieux

Les handicaps et la pauvreté spécifiques à l'agriculture de montagne résultent surtout de deux catégories de facteurs dont on rappellera brièvement les termes.

▶ La pauvreté naturelle est intimement liée aux handicaps physiques, la montagne étant un milieu amplifiant les manifestations naturelles et, par conséquent, imposant des limites au peuplement humain.

Les handicaps sont d'abord climatiques. Le froid est exacerbé par l'altitude. Les hivers rigoureux et les été frais limitent drastiquement les possibilités culturales, raccourcissent la saison végétative et font diminuer les rendements.

De plus, le volume des précipitations augmente généralement avec l'altitude mais on note une opposition entre des montagnes humides et des montagnes sèches. Cette dichotomie est régie par l'organisation générale du relief qui présente des versants bien exposés et d'autres en position d'abris face aux courants pluvieux. La couverture forestière dense des montagnes humides limite leur mise en valeur agricole et les seuils naturels végétatifs sont abaissés du fait de l'humidité et de la fraîcheur ambiantes. À l'opposé, les montagnes sèches et ensoleillées sont soumises à de nombreuses servitudes, comme l'irrigation estivale, mais bénéficient de quelques atouts, comme le relèvement des limites végétatives ou la pénétration des arbres fruitiers et de la vigne jusqu'à des altitudes élevées.

Les handicaps sont également liés à la topographie, les pentes et forts dénivelés ayant rendu difficiles les défrichements qui compromettent d'autant plus l'équilibre des versants, accélèrent le lessivage de sols maigres et d'inégale qualité et facilitent l'érosion linéaire. La réponse des montagnards s'est faite par un terrassement systématique des pentes. Mais, ces aménagements ont façonné un terroir découpé en rubans de parcelles étroites, difficiles d'accès et exigeantes en temps de travail.

Enfin, le relief et l'enneigement accentuent l'isolement des espaces montagnards.

En résumé, le gradient altitudinal apparaît fondamental quant aux contraintes du milieu montagnard. Il conditionne la durée de la saison végétative, limitée par les gelées extrêmes et détermine les étages propres à la culture et ceux qui ne conviennent qu'aux herbages ou à la forêt. Ainsi, l'altitude implique une production agricole réduite avec des rendements modestes et des rythmes de vie pastorale saisonniers faisant alterner une saison « morte », l'hiver, et une saison « pleine », l'été, qui concentre l'essentiel des gros travaux agricoles.

▶ La montagne se caractérise également par une pauvreté sociale. En effet, l'implantation humaine, très ancienne, a pu s'y développer jusqu'à la limite du tolérable, la montagne étant ainsi devenue le foyer d'une petite paysannerie peu contestée par les grandes propriétés et qui a su s'adapter et compenser les handicaps du milieu. Mais cette accumulation d'hommes sur un territoire agricole réduit a provoqué un émiettement du foncier, la division du parcellaire entre des fermes de très petites tailles et une pauvreté limite des ressources agricoles. C'est pourquoi dans un tel contexte de structures sensibles aux variations de population et de l'économie générale, l'appoint de trésorerie constitué par des ressources extérieures apparaît comme une nécessité permanente, mais à des degrés divers.

Des agricultures montagnardes de plus en plus ouvertes vers une économie de marché

C'est le plus souvent à partir des années 1850 que les montagnes connaissent leur peuplement maximal dans les pays développés ; un surpeuplement plutôt, avec tout ce que cela laisse sous-entendre de misère mais aussi d'abus. L'histoire de la montagne bascule alors mais l'exode rural y commence plus tardivement qu'ailleurs du fait de l'isolement relatif des massifs, l'expansion de nouvelles possibilités de récoltes ou d'emplois industriels, et le maintien tardif de l'émigration temporaire.

▶ La défaillance de l'économie montagnarde résulte de la fragilisation de son agriculture paysanne et du recul des ressources d'appoint.

Les facteurs de déficience sont nombreux mais d'importance inégale, la cause première étant la culmination de l'émiettement structurel de fermes largement fragilisées par la surcharge d'hommes. Le développement du réseau moderne de communications et, par extension, l'ouverture de la montagne sur son avant-pays, y a certainement participé mais dans une moindre mesure. Le réseau ferroviaire montagnard s'est vite révélé globalement peu cohérent et performant. Le réseau routier a été, plus encore peut-être, construit à l'économie avec d'incessants dénivelés, faute de tunnels et de viaducs. Or, malgré leurs imperfections, ils ont facilité la collecte des produits laitiers, le débardage du bois, l'acheminement des touristes, le développement des échanges, en bref, l'introduction de la montagne dans les circuits économiques nationaux.

De plus, la mécanisation de l'agriculture a bouleversé les conditions d'exploitation agricole mais la transformation reste incomplète, le matériel se révélant souvent inadapté à la pente. Du reste, plus on mécanise, plus on se passe des bras de l'homme, et plus on pousse à l'exode. Certes, la production agricole se renforce mais les transformations ne semblent profiter qu'aux seuls possédants. Malgré tout, on note un effort certain des petits paysans pour augmenter les ventes de produits fermiers (lait, veaux, fromages), mais les activités d'autoconsommation subsisteront largement jusqu'au milieu du XXe siècle. En revanche, plusieurs manifestations du progrès agricole se font sentir comme une meilleure maîtrise des assolements, le développement des plantes sarclées et des fourrages artificiels. De même, la constitution de troupeaux bovins importants conduit à une concentration des exploitations, une production d'herbe plus importante souvent par abandon de la culture, un agrandissement des étables et une amélioration des races pour un accroissement des rendements en lait. En somme, ces progrès de l'élevage, réclamant des surfaces plus grandes par exploitation, constituent un facteur de dépeuplement mais en contrepartie conduisent à une ouverture sur le marché, un développement du commerce, une réduction de l'autoconsommation et un nécessaire équipement de l'exploitation.

▶ Ainsi, les années d'après-guerre, loin de signifier un renouveau démographique et économique en montagne, comme c'est pourtant le cas ailleurs, accentuent les problèmes et les besoins d'une société paysanne en déclin inexorable.

Les origines de la crise diffèrent quelque peu de la précédente : désormais, elles touchent directement le monde paysan dont la situation se dégrade de manière irréversible au fur et à mesure de l'ouverture des montagnes sur l'extérieur et de l'exacerbation de la concurrence économique déloyale exercées par des régions plus favorisées. Les écarts de revenus agricoles avec les bas pays devenant insupportables, le départ des jeunes se change en une habitude qui compromet la reproduction des petites structures agricoles, maintenues par les générations de parents restées au pays.

L'exode se prolonge à peu près partout en montagne au moins jusqu'en 1968. Le mouvement présente une ampleur moindre que dans l'entre-deux-guerres, et, dans une large mesure, les départs constituent l'héritage géographique et professionnel des anciennes migrations temporaires. La nouveauté concerne la part devenue importante des migrations proches, notamment les déplacements vers des campagnes jugées plus attractives. Enfin, ces migrations évoluent rapidement par le biais des flux féminins et l'attraction croissante des villes.

La grande diversité des systèmes agricoles des milieux montagnards

La variété des dynamiques animant les sociétés montagnardes contemporaines fait coexister deux grands types de montagnes : celles des pays développés et celles des pays en voie de développement localisées dans la zone intertropicale.

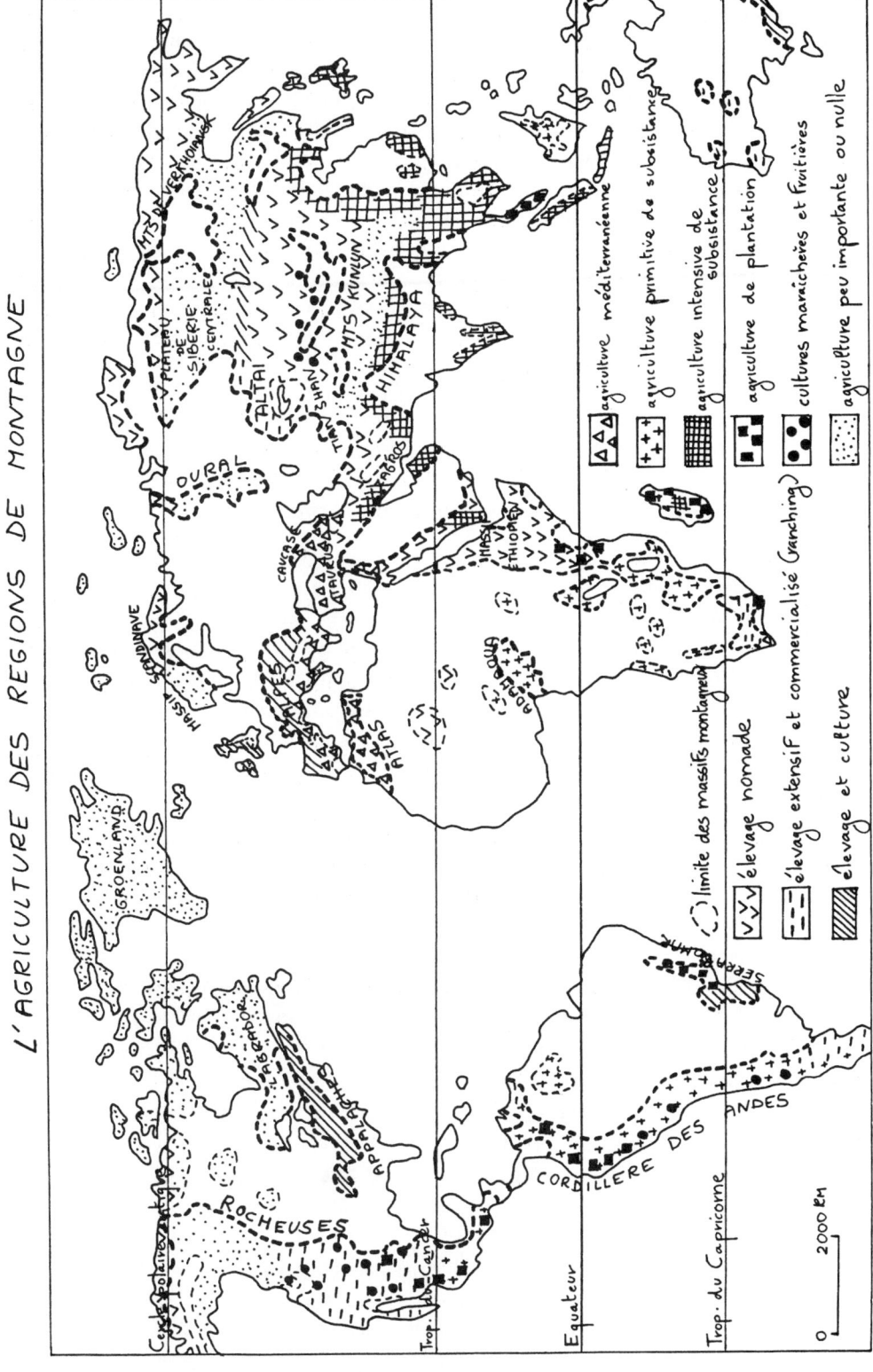

Permanences et mutations des agricultures montagnardes 81

▸ Dans les pays industrialisés, le modèle de développement reposant sur la mécanisation et la course à la productivité a porté un coup sévère à la plupart des massifs montagneux. De fait, les coûts de production en montagne sont supérieurs à ceux obtenus en plaine, et, dans une économie de marché fondée sur la concurrence, le fossé n'a cessé de s'élargir entre ces territoires. Partant, la montagne s'est orientée peu à peu vers un élevage reposant sur l'herbe de la prairie naturelle et des alpages. Ces transformations de l'agriculture ont donc été à l'origine de la suppression de nombreux emplois occasionnant aussi un délestage démographique parfois considérable. Aussi, dans ces montagnes désormais intégrées dans les politiques territoriales, leurs difficultés économiques, en particulier de l'agriculture, les conduisent à diversifier au mieux leurs activités. Dans ce sens, le tourisme est souvent perçu comme la panacée aux maux dont souffrent ces espaces fragiles, mais les données différent sensiblement entre des hautes montagnes bénéficiant d'aménagements lourds pour la pratique des sports d'hiver (Alpes du Nord, Montagnes Rocheuses) et des moyennes montagnes davantage enclines à un tourisme diffus mais encore insuffisant pour constituer un palliatif sérieux à la déprise agraire (Massif-central, Carpates polonaises), voire à la crise de l'industrie dominant la vie du massif (Vosges, Forêt-Noire, Appalaches).

▸ *A contrario*, les montagnes intertropicales apparaissent comme des lieux de fort peuplement, souvent supérieur à celui des plaines, demeurant encore des mondes de tradition vivante où l'agriculture reste l'activité quasi-exclusive, à l'écart des échanges intensifs de l'économie ouverte, mais participant aussi au sous-développement du Tiers-Monde auquel elles appartiennent.

Pourtant, les situations varient sensiblement d'une chaîne de montagne à une autre, d'un massif à un autre. Il en résulte des différences assez notables pour conduire à des distinctions reposant aussi bien sur les spécificités des systèmes traditionnels que sur les tendances actuelles inégalement marquées par l'ouverture.

– Ainsi, par sa gigantesque masse et malgré sa diversité interne, l'ensemble himalayen apparaît comme un modèle et un conservatoire de systèmes montagnards traditionnels. Il en résulte une économie qui reste essentiellement fondée sur l'agriculture et l'autoconsommation avec deux grandes familles de systèmes de production : aux basses et moyennes altitudes, l'agriculture peut se définir comme une transposition vers la montagne de la riziculture de plaine, alors qu'au-dessus de 3 000 mètres, dominent les systèmes pastoraux du haut Himalaya tibétain marqués par des déplacements verticaux permanents.

– Cette autonomie des systèmes montagnards se retrouvent, mais dans une moindre mesure, sur les hautes terres d'Afrique abritant toujours de fortes densités rurales.

Repliées sur elles-mêmes pour des raisons humaines plus que par leur isolement physique, celles-ci se caractérisent par une économie autarcique vivrière menant logiquement à une intensification forcée de l'agriculture. Dans ce contexte, les migrations saisonnières de travail vers les plaines sont salutaires et témoignent d'une intégration prochaine de ces hautes terres à l'économie d'échanges.

– Enfin, dans ces montagnes intertropicales, les Andes se signalent par un important foyer de peuplement dense aux hautes altitudes, vivant d'une agriculture essentiellement orientée vers l'autoconsommation, sur laquelle s'est surimposée dès le XVIe siècle une économie coloniale d'exportation marquée notamment par l'implantation de grands domaines d'élevage et de plantations de café. Aujourd'hui, les paysanneries andines achèvent leur désagrégation dans un contexte de surpeuplement devenu insupportable et vecteur d'émigration vers les grandes villes.

Au total, à l'image d'autres domaines géographiques, les agricultures montagnardes ont connu, durant les dernières décennies, de profonds bouleversements économiques remettant parfois en cause leur existence. Ces mutations prennent en montagne une connotation tout à fait singulière car la dépendance vis-à-vis des facteurs naturels et des lois de l'économie générale s'y trouve davantage accentuée. De plus, au-delà de ces changements perceptibles dans les paysages, les agricultures de montagne révèlent la pérennité de certaines pratiques, voire une apparente immuabilité, ce qui n'exclut nullement l'indispensable adaptation à son époque. On retrouve ainsi fréquemment d'un massif à l'autre la taille réduite des exploitations, d'où des revenus agricoles moindres que ceux des bas pays, et le recours fréquent à la pluriactivité des agriculteurs. En définitive, tout se passe comme si les techniques contemporaines ne parvenaient pas à surmonter les handicaps naturels, d'où une marginalisation progressive des espaces montagnards.

De fait, les situations se différencient d'une montagne à l'autre, opposant des massifs restés fortement agricoles, abritant une paysannerie nombreuse et dense, à la limite du surpeuplement (hautes terres d'Afrique, vallées himalayennes, Andes péruviennes, etc.), à ceux des pays développés où les agriculteurs devenus minoritaires au profit des secteurs industriels et touristiques cherchent d'autres modèles de développement pour assurer la pérennité de leurs exploitations (vente directe, accueil à la ferme, etc.). Dans ce contexte, il s'agit plutôt de maintenir une agriculture de services indispensable à l'essor d'autres activités comme le tourisme.

Conditions de vie et adaptation humaine aux milieux montagnards

Anthony SIMON

Conseils méthodologiques

Ce sujet ne se réduit pas à l'énonciation des contraintes physiques des milieux montagnards, mais élargit l'analyse aux conditions de vie de leurs habitants, d'où la distinction fondamentale entre les montagnes des hautes et moyennes latitudes globalement plus défavorables que les bas pays, à la différence des montagnes intertropicales jugées plus clémentes que les plaines chaudes, arides et infestées d'endémies de toutes sortes. Vous devrez donc vous garder de tout déterminisme et nuancer en permanence votre étude des caractères naturels des milieux montagnards.

Les montagnes se présentent avant tout comme un objet géographique se détachant de leurs territoires environnants par des caractères physiques affirmés, à savoir une altitude plus élevée et une topographie plus ou moins mouvementée. Ces espaces aux reliefs accusés et d'une certaine extension sont susceptibles d'offrir des milieux de vie originaux pour les populations humaines, les animaux et les plantes, associés précisément aux fortes altitudes, aux pentes, au froid, aux précipitations accentuées, et à leurs conséquences sur les formes de mise en valeur.

De fait, les milieux montagnards imposent aux hommes des genres de vie particuliers car adaptés à leurs contraintes spécifiques. Cependant, ces handicaps naturels apparaissent relatifs par rapport aux moyens dont disposent les sociétés concernées pour les surmonter, c'est-à-dire en fonction du degré d'avancement du progrès technique. Ainsi, dans les montagnes des pays industrialisés, ils ne constituent plus que des éléments qui composent des systèmes en place, à la différence des hautes montagnes des pays en voie de développement où ils conditionnent encore largement les modes d'occupation humaine des territoires. Enfin, certaines montagnes comme les hautes terres d'Afrique orientale et de l'Amérique andine semblent offrir des conditions de vie plus favorables que les bas pays qui les encadrent, du moins jusqu'à des seuils altitudinaux de 2 000-2 500 mètres où la dégradation climatique devient comparable à celle des montagnes des moyennes latitudes (600-700 mètres).

En conséquence, l'analyse de l'adaptation humaine aux conditions de vie imposées par les milieux montagnards devra tenir compte en permanence de la place plus ou moins importante des espaces favorables selon la latitude et l'altitude du lieu considéré.

Elle débutera par une présentation des difficultés de mise en valeur suscitées par des reliefs imposants et mouvementés, avant d'aborder les conséquences de la rudesse climatique réglant un étagement des paysages naturels, de la vie et des activités humaines. Puis, ces considérations de portée générale seront nuancées en fonction de la localisation des montagnes et du rôle plus ou moins contraignant de l'altitude et de la topographie pour l'occupation humaine.

Au total, il s'agira de démontrer qu'au-delà de tout déterminisme réducteur, les éléments de l'environnement montagnard créent des limites plus ou moins grandes à sa mise en valeur.

Des reliefs élevés et mouvementés facteurs d'isolement et de difficultés de mise en valeur

Les montagnes sont un élément important du relief terrestre, se caractérisant par des altitudes absolues généralement fortes, la vigueur des pentes et l'importance des dénivellations. De fait, c'est la pente, plus que l'altitude, qui constitue l'obstacle majeur pour l'homme : pour la franchir, il déploie des efforts parfois héroïques et met en œuvre des techniques remarquables.

- Les montagnes sont généralement des reliefs élevés et accidentés, aux pentes assez fortes depuis le fond des vallées jusqu'aux sommets.

    L'altitude, à elle seule, ne suffit pas à définir la montagne, qui présente de fortes pentes et d'importantes dénivellations, combinant donc des sommets élevés, des bassins intérieurs, et des vallées intramontagnardes. Ces vallées apparaissent comme des entailles profondes, séparant les zones hautes. Certaines, très encaissées, dessinent un V ; d'autres s'élargissent en bassins ou, au contraire, se rétrécissent en gorges étroites. Enfin, dans les hautes montagnes, on trouve des vallées à fond plat, en auge, où se développent l'essentiel des activités humaines et des voies de communication.

    Ainsi, toutes les montagnes ne semblent pas également pénalisées par l'obstacle de la topographie, mais, globalement, l'isolement apparaît comme l'un des éléments essentiels de la vie montagnarde traditionnelle, d'ailleurs imparfaitement réduit par les techniques modernes. Les échanges limités par cette contrainte physique impliquent que les montagnes aient longtemps été un univers fermé et replié sur de petites cellules vivant en autarcie.

- La pente est également un obstacle à la mise en valeur agricole. Elle s'oppose d'abord indirectement à l'activité terrienne en soustrayant de vastes surfaces impossibles à labourer, puis directement en réglant l'épaisseur du sol arable en fonction de son intensité. L'aménagement des versants en terrasses permet de réduire ce handicap mais au prix d'un travail acharné où la machine n'intervient que peu. En conséquence, l'espace cultivé montagnard présente un profil morcelé, discontinu, mettant en valeur les replats et les bas des versants, aux dépens d'importantes surfaces jugées incultes.

En fin de compte, la montagne se définit avant tout comme un relief dont l'altitude et les pentes assez fortes modifient les conditions de vie humaine, végétale, et animale, auxquelles s'ajoutent de manière tout aussi contraignante les conditions climatiques.

Des climats rudes, froids et arrosés réglant des systèmes étagés

Le milieu montagnard se caractérise également par une rigueur aggravée des conditions climatiques qui dérive des termes même le définissant : l'altitude et la topographie.

- Les effets de l'altitude sont complexes mais la diminution de la pression atmosphérique qui en découle est le facteur le plus évident de la dégradation climatique. Les conséquences physiques sont multiples : parmi celles-ci, le refroidissement des moyennes thermiques intervient selon un gradient de 0,5° C pour 100 mètres d'élévation. À force de diminuer, la température rejoint 0° C, seuil important pour la vie, puis, vers - 1° C, toute précipitation tombe en neige.

- Ainsi, en hiver, le milieu montagnard de la zone tempérée devient franchement défavorable, du moins pour la vie traditionnelle. À Chamonix, à 1 000 mètres d'altitude, la moyenne des températures d'hiver est de - 4° C, celle de janvier descendant à - 6° C. Le nombre moyen de jours de gelée est de 187 et il est arrivé que le thermomètre descende à - 28° C.
- De même, les sommets sont résolument hostiles : au Sonnblick, en Autriche, à 3 326 mètres d'altitude, les moyennes mensuelles ne sont positives qu'en juillet-août, et s'abaissent à - 13,5° C en février.

De plus, outre les effets du froid, l'organisme humain subit en montagne les conséquences physiologiques liées à l'abaissement de la pression atmosphérique : vers 5 500 mètres, celle-ci n'est plus que de 500 millibars et, en même temps, la tension d'oxygène a diminué de moitié. Partant, les populations autochtones des hautes montagnes, comme les Indiens des Andes, présentent des adaptations physiologiques. La plus notable concerne le sang, où la proportion de globules rouges est relativement forte, et qui est porteur de variétés d'hémoglobine à forte affinité pour l'oxygène. Dans ces conditions, l'homme acclimaté peut travailler jusqu'à 6 000 mètres d'altitude.

Au total, si les contrastes journaliers sont forts, l'amplitude annuelle est, en revanche, plus faible en montagne qu'en plaine. De même, en pays subtropical et intertropical, la montagne favorise les activités humaines ; déjà, la fraîcheur des montagnes méditerranéennes est un facteur important de la transhumance.

▶ Le comportement des précipitations est lié à celui de la température. Celle-ci diminuant avec l'altitude, le point de saturation s'abaisse, l'humidité relative augmente, et il suffit d'un faible refroidissement, par exemple une brusque ascension de l'air, pour déclencher la condensation de la vapeur d'eau en nuages puis en précipitations. Au total, les précipitations augmentent avec l'altitude, et seules les cimes des montagnes tropicales font exception à cette règle. En effet, après un optimum pluviométrique généralement autour des 2 000 mètres, on observe dans ces montagnes une lente décroissance des précipitations jusqu'aux sommets, véritablement désertiques.

Dans la zone intertropicale humide, les montagnes exacerbent les effets de la mousson et des alizés.

Par exemple, les 13 mètres de précipitations annuelles de Tcherrapoudji sont liés à l'ascendance de la mousson sur les contreforts de l'Assam.

De même, face à l'alizé, le versant occidental de la Guadeloupe reçoit 8 mètres d'eau à 800 mètres d'altitude, au lieu de 1 200 mm au niveau de la mer.

Dans ces milieux montagnards équatoriaux, de forts contrastes de pluies sont induits par la topographie par le biais de l'exposition au vent ou sous le vent : aux îles Hawaii, le contraste irait de 12 mètres au nord-est à 500 mm au sud-ouest ; et la position au pourtour ou au centre des massifs : ainsi, certaines hautes vallées des Andes ou de l'Himalaya sont des alvéoles de sécheresse.

LES EFFETS DE L'ALTITUDE DANS LES ALPES DU NORD

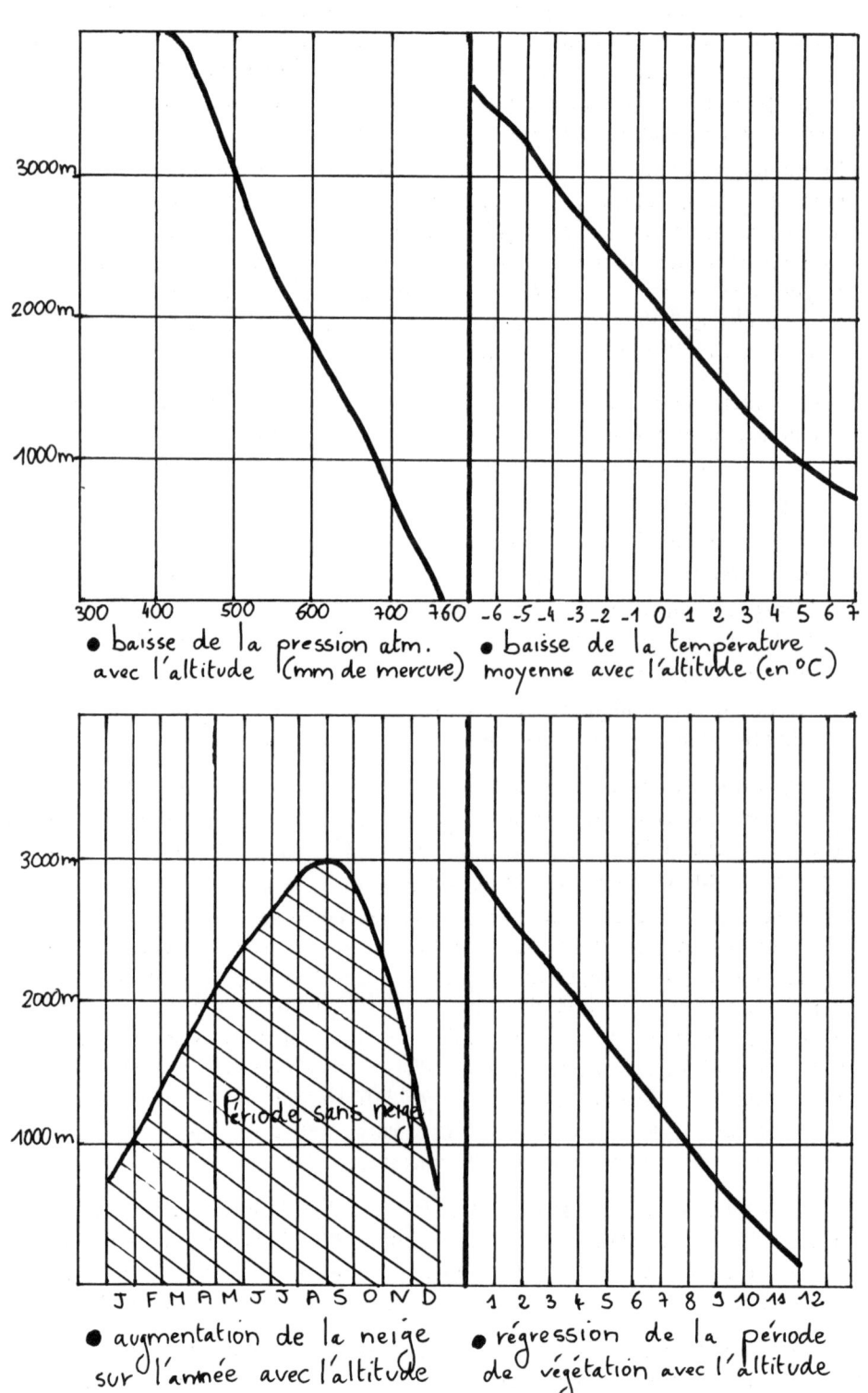

- baisse de la pression atm. avec l'altitude (mm de mercure)
- baisse de la température moyenne avec l'altitude (en °C)
- augmentation de la neige sur l'année avec l'altitude (Période sans neige)
- régression de la période de végétation avec l'altitude

▶ Enfin, la proportion de précipitations neigeuses, l'épaisseur et la durée du manteau nival augmentent très logiquement avec l'altitude. C'est d'ailleurs la masse de neige qui impose une limite à l'habitat permanent, qui coïncide avec le seuil à partir duquel la neige au sol cesse de fondre saisonnièrement. Cette limite des neiges persistantes dépend autant des précipitations que de la température, et varie donc selon l'exposition ou la topographie du versant.

En montagne équatoriale, le rythme nival n'est plus saisonnier comme dans les montagnes tempérées, mais quotidien puisqu'il est réglé par l'amplitude thermique du jour. En gros, il neige ou il grésille un peu à la fin de chaque nuit, et la neige fond en début de matinée, dans la tranche d'altitude qui précède la limite des neiges persistantes. En revanche, en montagne tropicale, le rythme de battement se rapproche de celui de la zone tempérée, sauf que la saison sèche remplace l'été et que la saison des pluies tient lieu d'hiver.

▶ Globalement, l'étagement des paysages montagnards correspond à la zonation climatique altitudinale. En pays tempéré, l'étagement des terroirs correspond à celui des milieux naturels et entraîne la dissociation de leurs éléments.

- À l'étage inférieur, le terroir arable autour du village est exigu, de quelques hectares par exploitant. Il était à l'origine réservé aux céréales, seigle ou orge, mais, avec l'ouverture de l'économie, il est souvent retourné aux herbages.
- L'étage intermédiaire est partagé entre une forêt exploitée, souvent communale, et des défrichements voués aux prairies de fauche, dont le foin permet aux animaux de passer le rude hiver.
- Au-dessus, s'étendent les alpages collectifs ou communautaires, pâturages naturels ou les troupeaux passent l'été autour des cabanes de bergers.

L'utilisation successive des divers niveaux donne lieu à des mouvements complexes des gens et des bêtes, simple estivage ou nombreuses remues. De plus, à la recherche d'un complément de ressources hivernales, une transhumance inverse conduit les troupeaux dans le bas pays.

En revanche, l'effacement des contrastes saisonniers dans le domaine tropical y réduit beaucoup ces rythmes. L'agriculture traditionnelle est itinérante, à base de défrichements par le feu, tandis que, exceptionnellement pratiquée en montagne, la riziculture irriguée y crée des paysages étonnants d'aménagement intégral des pentes par de vertigineux escaliers de terrasses, comme aux Philippines et en Chine du Sud. La complémentarité des étages de culture est rare, mais fait place, surtout dans les secteurs de plantations européennes, à une répartition selon l'altitude des cultures spéculatives : ainsi, le thé joue à Ceylan et dans le sud-est asiatique un rôle remarquable de culture d'altitude.

Si elle existe, la transhumance se déroule pendant la saison sèche, c'est-à-dire pendant l'hiver dans l'hémisphère nord, comme pour le bétail des Kabré du Nord Togo ou celui des vallées himalayennes. Cependant, elle n'atteint jamais l'importance et la généralité des mouvements d'inalpage de la montagne tempérée.

Au total, les particularités du milieu naturel imposent clairement aux montagnards des formes d'organisation sociale ou économique spécifique, mais selon des modalités diverses propres aux différents massifs du globe.

Des conditions de vie inégalement favorables aux hommes selon les régions montagneuses

Moins peuplées en général que les régions plus basses de relief moins tourmenté, les montagnes sont souvent considérées comme des espaces hostiles à l'homme ou, en tout cas, comme des régions rudes devant lesquelles refluent les formes modernes de la vie humaine. Cette perception s'est révélée longtemps véridique aux latitudes tempérées, où l'altitude introduit des conditions de milieu beaucoup plus sévères que dans les plaines. Or, en bien d'autres régions du globe, tropicales ou équatoriales, la montagne est un milieu plus favorable que les basses terres environnantes. Elle a pu parfois, en Amérique du Sud et en Afrique, devenir le siège des peuplements les plus denses et des civilisations les plus évoluées.

- De fait, en situant les montagnes dans leur environnement physique général, les massifs des hautes et moyennes latitudes apparaissent comme des milieux particulièrement sévères en regard des conditions plus avantageuses du bas-pays. Cette rigueur accusée résulte fondamentalement de l'existence d'un hiver thermique dont la longueur et la dureté s'accentuent en montagne, en constituant ainsi des limites à la vie humaine qui dépasse rarement les 2 000 mètres d'altitude.

  Ces montagnes froides et humides représentent des milieux naturellement plus favorables dans l'ensemble à l'herbe et au bois qu'aux cultures. Elles bénéficient de l'étagement bioclimatique et sont animées de mouvements d'estivage exploitant au mieux cette complémentarité des niveaux.

  Or, des nuances importantes doivent être introduites, faisant se distinguer les montagnes alpines des moyennes montagnes, les premières entretenant une vie permanente de vallées et développant l'utilisation pastorale des alpages, les secondes étant plus favorables à l'agriculture et limitant les mouvements pastoraux d'estivage. On oppose également les montagnes humides aux montagnes sèches, les premières présentant les contraintes les plus rigoureuses (difficultés des cultures, abaissement des limites altitudinales), les secondes s'individualisant du fait de l'existence d'une saison sèche estivale très marquée, limitant les herbages et imposant l'irrigation des cultures.

- À la différence de la zone tempérée, les montagnes des basses latitudes se présentent comme un milieu moins rigoureux, voire même relativement favorable par rapport au bas-pays. Ainsi, le relèvement des limites altitudinales fait que la basse montagne tropicale est exempte du froid jusqu'à 2 500 mètres, tout en atténuant la chaleur et l'aridité des plaines. En contrepartie, les très hautes altitudes affaiblissent les organismes humains par les effets conjugués du froid, de la baisse de la pression atmosphérique et de la raréfaction de l'oxygène.

  Mais, globalement, la montagne apparaît comme un milieu sain, ignorant certaines endémies du bas pays, d'où des foyers de peuplement contrastant parfois avec les déserts situés à leurs piémonts (Andes centrales du Pérou et de Bolivie par exemples).

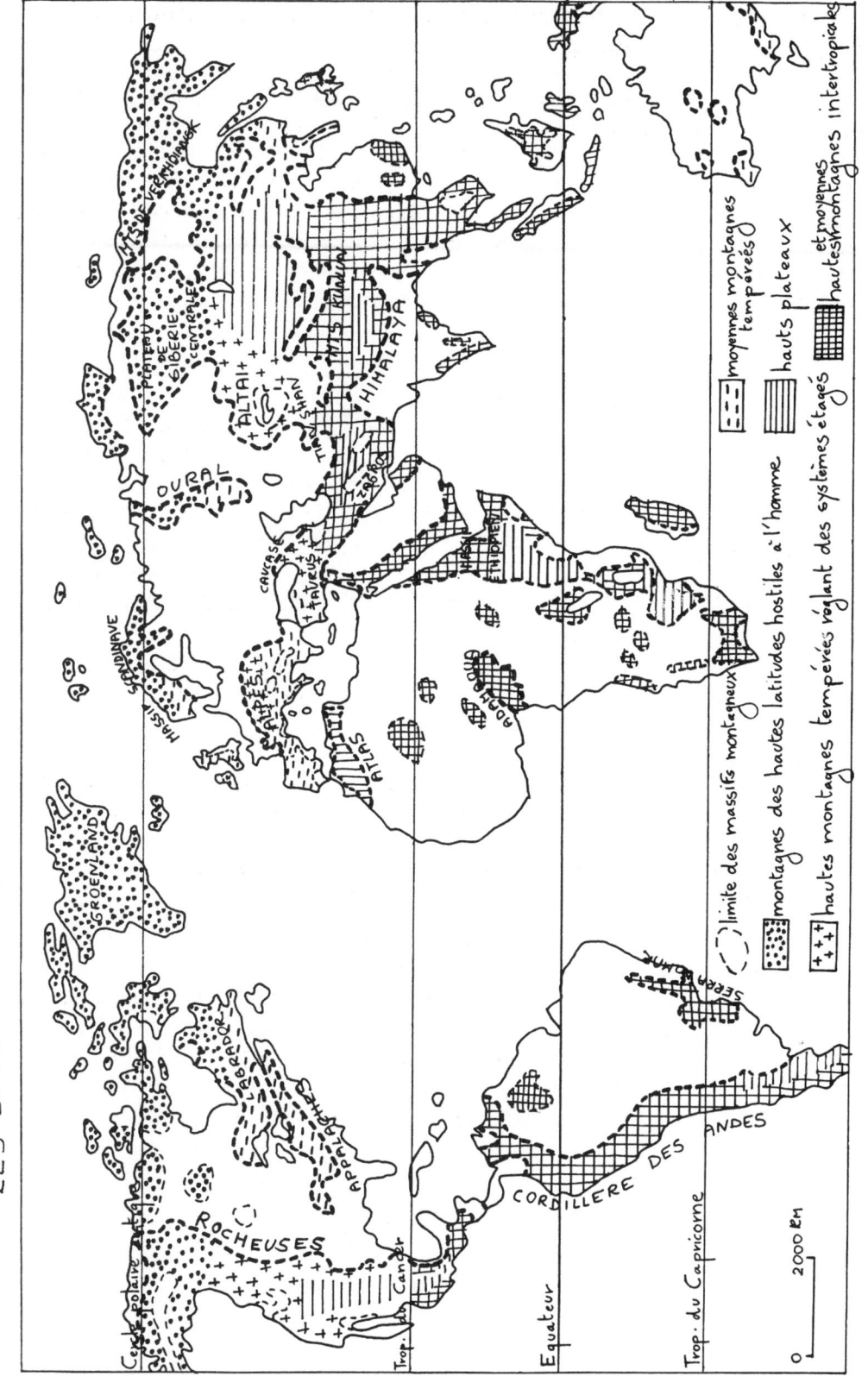

Conditions de vie et adaptation humaine aux milieux montagnards 91

Enfin, l'absence de saisons thermiques propres aux climats tropicaux et de couverture neigeuse jusqu'aux très hautes altitudes font que ces montagnes sont davantage vouées aux cultures qu'à l'élevage, qui, le plus souvent, ne s'impose qu'au-dessus de 4 000 mètres lorsque la production céréalière devient impossible.

*
* *

Comme milieux naturels divers et parfois contrastés, les montagnes se signalent par leurs pentes qui gênent la circulation et l'exploitation agricole, l'élévation en altitude et l'abaissement des températures qui réduisent les possibilités culturales et se traduisent par l'étagement des formes de végétation et de mise en valeur par les sociétés humaines. Cette péjoration des éléments naturels imposant des contraintes rigoureuses à l'activité humaine, trouve cependant ses limites dès lors que la montagne se révèle plus favorable que ses avant-pays, comme c'est souvent le cas dans la zone intertropicale. De plus, la maîtrise de techniques avancées dans les pays développés permet aux hommes de s'affranchir d'une grande partie de ces handicaps et de s'adapter rapidement à la vie montagnarde.

Or, malgré un accès généralisé au progrès dans les pays industrialisés, on constate que les coûts de production restent supérieurs en montagne à ceux obtenus en plaine, et ce quelle que soit l'activité envisagée, et que ce territoire est pénalisé par ses caractères physiques au sein d'une économie de marché fondée sur la concurrence et le libre-échangisme.

Pourtant, certains handicaps d'autrefois se sont transformés en atouts d'aujourd'hui, comme en témoigne le succès des sports d'hiver, et laissent espérer une occupation des montagnes s'affranchissant définitivement des contraintes naturelles.

Agriculture et pastoralisme en montagne.
Quelques exemples dans le Caucase et la CEI

Pierre THOREZ

Les régions de montagne se caractérisent par une grande diversité de milieux, y compris à l'échelle locale sous l'effet de l'étagement bioclimatique et de l'exposition. Les populations rurales ont pris appui sur cette diversité. Elles sont toutefois aussi confrontées à de sévères contraintes, notamment l'exiguïté des terres cultivables, les pentes, la rigueur de l'hiver. Dès l'antiquité les montagnards ont approvisionné les habitants des plaines en produits spécifiques. Cependant l'essentiel de leur production a été longtemps autoconsommée. La mise en concurrence avec les agricultures commerciales de plaine a porté un coup à l'agriculture de montagne sauf dans les régions où elle a pu se spécialiser. Ces évolutions divergentes différencient les chaînes et massifs montagneux les uns des autres, mais aussi les bassins et les vallées des villages perchés et isolés.

1. L'agriculture et le pastoralisme traditionnels

Le déplacement des troupeaux de moutons le long des drailles est une image classique des montagnes du pourtour méditerranéen, du Caucase, de l'Asie Centrale. « On peut vivre sans pain mais pas sans bétail » dit le proverbe caucasien. Deux formes principales d'élevage se pratiquent traditionnellement, la transhumance et les remues. Dans le cas de la transhumance, le cheptel composé de moutons, de brebis et de chèvres parcourt de longues distances entre les pâturages d'hiver situés dans les piémonts et les pâturages d'estive sur les prairies de l'étage alpin. Dans le Caucase central et oriental la vie des aouls est rythmée par le déplacement des troupeaux entre les Chaînes Latérale et Centrale et les pâturages d'hiver de la steppe des Nogaïs au nord et de la steppe de Shirvan au sud. L'essentiel du cheptel appartient, aux montagnards. Il s'agit donc d'une transhumance inverse. Les champs à proximité des villages appartenaient en principe aux familles. Les pâturages étaient généralement communautaires, aussi bien sur les alpages que dans les kichlaks de piémont. La montée commence au mois de mai et dure 3 à 4 semaines. À la fin du mois une première tonte était effectuée lors du passage dans les aouls avant de monter aux alpages. Le troupeau est divisé en atars de 700 à 1 000 bêtes, sous la garde d'un berger et de deux ou trois chiens. Début septembre les bêtes entament la descente. Une nouvelle tonte a lieu à l'aoul qui donne une laine de meilleure qualité, puis le troupeau quitte la montagne. La population reste dans les aouls. Les cultures de céréales et de légumes, les prés de fauche sont situés à proximité.

Les remues se pratiquent sans quitter la montagne ni même souvent une vallée. Le bétail passe l'hiver à l'étable au village, au fond de la vallée ou à la base des versants et l'été sur les alpages. Il se compose plutôt de bovins. Généralement une partie de la population se déplace avec les bêtes et passe l'été dans des fermes d'alpage où les femmes fabriquent le fromage. À côté de ces fermes on coupe les foins qui seront descendus au village pour l'hiver. Cette forme est encore pratiquée dans le Caucase occidental en Svanétie ainsi que dans les montagnes d'Adjarie. Les bovins montent au fur et à mesure que le manteau neigeux fond et que les pâturages sont accessibles. Ils regagnent la vallée en automne. Comme dans le cas précédent, le troupeau est familial, les champs sont privés et les alpages communautaires. Quelques structures féodales ont cependant existé avec une grande propriété seigneuriale, des serfs voir des esclaves jusqu'au XIXe siècle et des métayers. Mais souvent les sociétés villageoises étaient plus égalitaires que celles des plaines. En 1930 on ne comptait que 2 000 koulaks, grands propriétaires, au Daghestan.

Au Kirghizstan une forme de semi-nomadisme montagnard a longtemps subsisté dans les vastes bassins intramontagnards du Tian Chan. Les familles résident dans la yourte. Elles accompagnent les migrations des troupeaux de moutons et de yacks sur plusieurs dizaine de kilomètres. La localisation des pâturages et les itinéraires des tribus résultaient d'arbitrages traditionnels. À la différence des caucasiens les Kirghizes n'étaient pratiquement pas des cultivateurs.

La nature du cheptel dépendait de deux variables : la richesse des pâturages, et celle des familles. Celle des premiers intervient en terme quantitatif, les surfaces utiles, et qualitatif, la composition floristique. Les bovins dominent dans le Caucase occidental humide où les vastes pâturages sont couverts d'une formation à hautes herbes, alors que dans l'est on élève principalement des ovins sur le chibliak et les maigres steppes de montagne à xérophytes. Les familles les plus riches ont néanmoins toujours possédé un certain nombre de bovins ou de bubalins.

L'autre activité traditionnelle réside dans l'agriculture. Elle subit les contraintes de la montagne, notamment le manque de terres arables. Sous la pression démographique, le moindre espace à peu près plat et couvert d'un sol a été mis en culture. Les semailles sont précédées d'un travail annuel d'épierrage d'autant plus que les espaces horizontaux coïncident souvent avec des terrasses torrentielles ou des cônes de déjection. Des cultures en sec (bogar), grimpent le long des versants. Contrairement aux montagnes de l'ouest du pourtour méditerranéen, les terrasses, parcelles horizontales en escalier aménagées sur les versants et soutenues par un mur en pierre, sont rares dans le Caucase et en Asie Centrale. Quelques-uns unes avaient été aménagées en Adjarie. La culture en rideau, c'est-à-dire une banquette dépourvue de mur de soutènement, est plus fréquente, notamment au Daghestan.

Les montagnards ont tiré profit de l'étagement, de l'exposition et de la présence de l'eau.

L'exposition détermine la localisation des cultures. Dans les montagnes humides la forêt a été préservée sur les ubacs où parfois elle cède place à des prairies ou des prés de fauche. Les céréales, les fourrages, les légumes et les arbres fruitiers occupent de préférence les adrets, tout comme les villages.

Des systèmes d'irrigation consistent le plus souvent en un captage des eaux des torrents pour alimenter des canaux creusés à même la roche ou le sol qui irriguent les parcelles par gravité. L'eau permet d'arroser les jardins proches des villages, les champs, les prés de fauche et dans les régions sèches les pâturages. Ces systèmes sont la plupart du temps gérés par les utilisateurs ou les communautés villageoises.

Les activités agricoles changent en fonction des conditions naturelles, en particulier en fonction du relief et du climat. La distinction classique entre moyenne et haute montagne se retrouve. Dans les moyennes montagnes les cultures de piémont pénètrent dans les vallées. Le froid et l'altitude les rendent impossibles ou aléatoires au-dessus d'un millier de mètres d'altitude aux latitudes tempérées. Dans le Caucase la limite de la céréaliculture se situe entre 1 500 mètres et 1 800 mètres. Or l'habitat permanent atteint 2 400 mètres (aouls de Kourouch au Daghestan et Khynalyk en Azerbaïdjan). À cette altitude seule la pomme de terre est cultivée. Le bétail se nourrit de foin.

2. Les spécialisations

Au cours du siècle écoulé les transformations ont été importantes dans la plupart des régions de montagne. Elles ont eu pour origine des mutations internes et externes.

Dans le Caucase elles se manifestent en premier lieu par la conquête du piémont nord par les Russes. Les guerres du XIXe siècle s'achevèrent par l'exode massif des Tcherkesses et le Caucase occidental se dépeupla. Les activités agricoles et pastorales périclitèrent. Les Russes en effet, ne colonisèrent pas la montagne, un milieu qui leur est étranger. Dans le Caucase central et oriental, l'empire chercha à intégrer les montagnards tchétchènes et daghestanais. Une partie de leurs terres de piémont furent confisquée pour être redistribuées aux cosaques, mais les autorités leur laissèrent la jouissance de pâturages dans la région de Kizliar. La transhumance put continuer. De nouveaux marchés s'ouvrirent même pour la laine. Cependant le cheptel caucasien diminua d'environ 40 % entre 1905 et 1913. Cela fut aussi provoqué par le début de l'exode des montagnards géorgiens vers les plaines.

L'évolution des piémonts se poursuivit par leur urbanisation, leur développement industriel et la mise en culture après bonification de steppes et de dépressions que les montagnards avaient coutume d'utiliser l'hiver. Les plaines du Kouban furent orientées vers la production de blé et de riz, le Caucase oriental vers l'arboriculture et la viticulture, les bassins transcaucasiens vers les cultures maraîchères, fruitières, la vigne et le thé. Dans le système soviétique qui se mit en place, la montagne n'était pas prioritaire. L'idée dominante la dévalorisait : elle était mal adaptée à la motorisation agricole, difficile d'accès, ses populations avaient une très faible productivité. Par conséquent il fallait planifier son abandon progressif au profit des régions qui manquaient de main-d'œuvre.

Comme dans les pays à économie de marché, où la concurrence avec les productions de la plaine rendit les productions de la montagne non compétitives, la montagne fut défavorisée. Cependant les évolutions ne furent pas uniformes.

Les cultures de versant furent peu à peu abandonnées, notamment en Transcaucasie et à un degré moindre dans le Caucase du nord, notamment en moyenne montagne. La taille des parcelles était difficilement compatible avec la collectivisation. Le remembrement des banquettes de culture n'était pas possible. Les exploitations collectives créées entre 1932 et 1950 dans la montagne s'orientèrent vers des activités spécialisées. Les petites parcelles continuèrent cependant à être cultivées dans le cadre de l'économie auxiliaire domestique, les lopins.

Les kolkhozes et sovkhozes établis sur la base des aouls avant d'être regroupés après la deuxième guerre mondiale se tournèrent vers l'élevage. Les pâturages de montagne ont une superficie de plus de 1,5 million d'hectares dans le Caucase du nord. Dans la partie occidentale la spécialisation bovine fut accentuée. En Svanétie à la fin des années 1980, 7 sovkhozes élevaient près de 20 000 bovins qui disposaient de 46 000 ha de pâturage auxquels s'ajoutaient 8 500 ha de prés de fauche et quelques champs de céréales pour le bétail. Les revenus provenaient en totalité de la vente des produits de l'élevage, lait, fromage et viande. Les particuliers possédaient outre une ou deux vaches, quelques moutons, des porcs, et des arbres fruitiers. Ainsi élevage spécialisé et polyculture vivrière ont coexisté. Les montagnards en tiraient deux revenus, un salaire dans les sovkhozes et le produit de leur lopin. C'était une forme de pluriactivité.

Dans le Caucase central et oriental les exploitations collectives d'élevage se consacrèrent au cheptel ovin. Les kolkhozes du raïon de Kazbegui disposaient d'environ

150 000 ha en montagne et 100 000 ha dans les steppes de Kizliar pour environ 150 000 ovins, privés et collectifs. Le cheptel privé suivait en effet la transhumance. Les kolkhozes ne vendaient que de la laine (le rendement était de l'ordre de 1,5 kg par bête à chaque tonte) et de la viande. Les particuliers possédaient en outre des bovins et des porcs. Les lopins produisaient des pommes de terre, des fourrages. Après la construction du gazoduc entre la Russie et la Transcaucasie par la vallée du Térek, les montagnards édifièrent des serres chauffées au gaz naturel, dans lesquelles ils se mirent à cultiver des tomates et des concombres. Ces cultures étaient en partie commercialisées sur les bazars.

Au Daghestan la population continua d'augmenter rapidement dans la montagne jusqu'aux années 1970. La dualité des secteurs économiques, collectif et privé, la complémentarité des activités de la montagne et du piémont, l'intensification agricole y contribuèrent pour beaucoup. Les exploitations collectives furent moins spécialisées. Dans le Daghestan central, entre 1 000 mètres et 1 500 mètres, les aouls ont une activité diversifiée : tout d'abord la transhumance. Mais ici le développement de l'irrigation du piémont a incité à y développer la culture de céréales et de fourrages, en réduisant les pâturages. Dans la montagne fut développée l'arboriculture, notamment la production d'abricots, de poires et de pommes. L'origine des revenus fut diversifiée.

Dans les vallées et les bassins ensoleillés les exploitations collectives donnèrent la priorité aux productions déficitaires au niveau soviétique, les fruits et les légumes. Dans le prolongement des grandes exploitations du piémont, on développa dans la montagne un peu la viticulture, et principalement l'arboriculture et les cultures maraîchères. Dans le Caucase occidental se furent les plantes médicinales et du tabac, dans le Caucase central et oriental les pommiers, poiriers, abricotiers, pruniers, cerisiers. Alors que les arbres fruitiers n'étaient plantés que dans les jardins, de grands vergers irrigués furent aménagés sur les terrasses alluviales, notamment au Daghestan. Les fruits longtemps réservés à la consommation domestique devinrent une source de travail et de revenu, d'autant plus que quelques conserveries furent construites dans les vallées.

Le Daghestan montagnard a conservé durant la période soviétique une de ses activités réputées, l'artisanat. Les tisserands, les orfèvres, les joailliers, les ateliers de confection, les tapissiers furent regroupés en combinats d'artisanat ou d'art. Il en existe dans de nombreux aouls (Koubatchi, Ourkarakh, Gounib, Ountsoukoul et bien d'autres). La pluriactivité était de ce fait largement répandue.

Les aouls relativement proches des villes où se situaient les marchés kolkhoziens où les paysans vendaient leurs productions à un prix libre ou proches de petits bazars le long d'une route fréquentée, virent leur population se stabiliser comme ceux où l'intensification fut menée avec succès.

Par contre certaines vallées demeurèrent en marge et des villages furent pratiquement abandonnés. Les effets de la déprise se firent sentir en aval. Face à la dégradation de l'espace montagnard, des politiques de la montagne furent progressivement élaborées, notamment par la Géorgie. Les routes vers les villages de Shatili en Khevsourétie et d'Omalo en Touchétie furent inaugurées par le président de la république en grande pompe. La nouvelle politique de la montagne fut accélérée après l'adoption en 1982 du « programme alimentaire » soviétique. Il fallait reconquérir les terres laissées en friche.

3. Les premiers effets du marché

Dans les montagnes de l'Europe occidentale, les spécialisations ont peu à peu fait naître l'idée d'un label montagne. Les activités agricoles et pastorales s'insèrent dans des politiques de développement qui se veut durable. Dans les montagnes de l'ancienne URSS le passage à l'économie de marché s'est traduit par le retour à une économie vivrière.

Le cheptel fut la première victime de la dislocation de l'URSS. Les frontières dressées brutalement entre les anciennes républiques piégèrent les troupeaux. En 1992 la moitié du cheptel du raïon de Kazbégui fut bloqué dans la steppe de Kizliar en raison de la fermeture des frontières par des nationalistes géorgiens entre la Russie et la Géorgie et à cause de la guerre en Tchétchénie qui empêcha la recours à d'autres itinéraires. En un an, le système séculaire de la transhumance, qui avait perduré sous le régime soviétique, fut anéanti en même temps que lui. Quelques troupeaux se déplacent encore entre les crêtes et la steppe de Shirvan.

La désorganisation du système soviétique signifia la disparition du circuit de ramassage étatique. Le marché de la laine s'effondra aussi bien dans le Caucase qu'en Asie Centrale. Le cheptel diminua fortement (de plus de 2 millions d'ovins à moins d'un million en Géorgie entre 1990 et 1994). La viande devint le seul débouché. À Kazbégui le gaz n'est plus livré et les serres comme les bergeries tombent en ruine.

Les transports sont devenus rares et coûteux ce qui a éloigné les bazars. La baisse générale du niveau de vie a fait diminuer la consommation. Ainsi le cheptel bovin, qui se maintient dans le Caucase occidental où les laiteries et les fromageries fonctionnent encore, décline aussi dans le reste du Caucase.

Paradoxalement les montagnards comme les ruraux en général ont eu plus de facilités pour survivre en retournant à des activités vivrières. Partout les céréales ont progressé au détriment des fruits et des légumes. Ce mouvement a été enrayé dans le Caucase occidental. Des circuits de commercialisation nouveaux, gérés par des entreprises privées ou par les autorités régionales ont pris le relais des structures soviétiques. La crise se prolonge au Daghestan, victime de la proximité du conflit de Tchétchénie, et en Géorgie ou le repli est généralisé.

Dans les vallées du Tadjikistan, le travail se fait à nouveau à la main avec l'aide d'animaux faute de moyens pour acheter, entretenir et faire rouler les machines. Le cheval et l'âne sont redevenus les animaux de trait et de transport. Le prix d'un âne a d'ailleurs fortement progressé comme le nombre de têtes. Dans les fonds de vallée des rizières ont été partout aménagées. Ne pouvant plus se procurer le riz indispensable à la préparation de la cuisine traditionnelle, les montagnards qui précédemment l'achetaient aux gens des plaines, se sont mis à le cultiver sur des parcelles minuscules.

Au Kirghizstan, les éleveurs doivent développer une agriculture de montagne à laquelle ils n'étaient pas habitués. Cela achève leur sédentarisation.

À l'image de ce qui se produit dans tous les secteurs d'activité, c'est dans la partie russe du Caucase que se mettent en place des formes nouvelles de culture et d'élevage. Dans les autres républiques, y compris dans le Caucase oriental inclus dans la Russie, les activités agricoles et pastorales régressent.

Les dix dernières années ont été marquées par une importante récession. L'élaboration de politiques de la montagne ne semble pas devoir être mise à l'ordre du jour dans un avenir proche. Contrairement à ce que l'on pourrait supposer ce ne sont pas les formes traditionnelles de l'économie montagnarde qui ressuscitent. Celles ci sont entravées par les conflits, les frontières, le contexte économique et social. Ce sont des formes de survie improvisées.

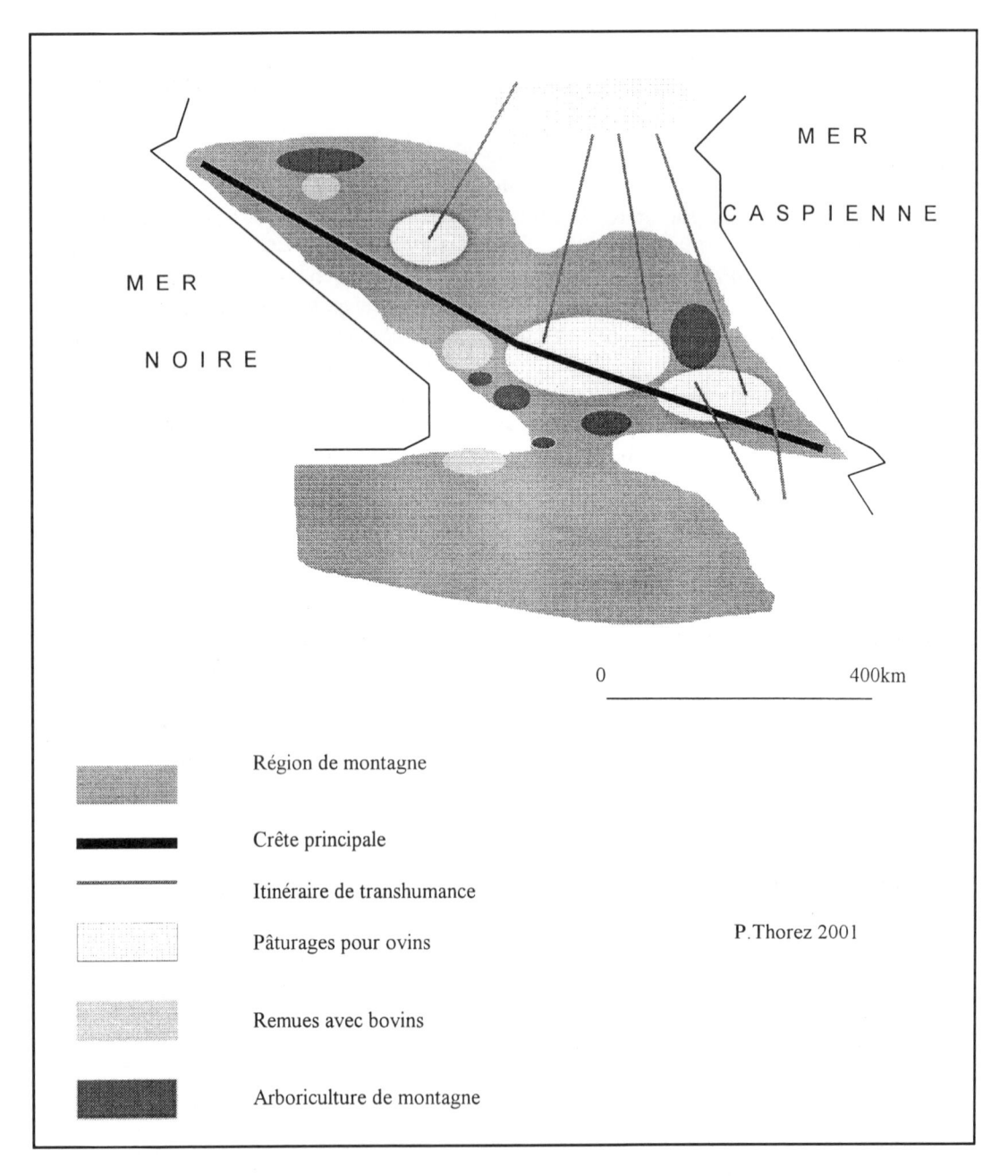

Quelques spécialisations dans le Grand Caucase

Légende :
- Région de montagne
- Crête principale
- Itinéraire de transhumance
- Pâturages pour ovins
- Remues avec bovins
- Arboriculture de montagne

P. Thorez 2001

Villes de montagne et théories urbaines

André DAUPHINÉ

Introduction

La ville n'est pas totalement étrangère à la montagne. Chamonix est bien une entité urbaine symbole de cette association entre la ville et le Mont-Blanc, le plus haut sommet d'Europe. Cependant, les grandes villes s'étalent le plus souvent à l'écart de la montagne. Milan au sud et Munich au nord se développent en marge des Alpes, tout en bénéficiant de la fonction de passage. Ce type d'organisation territoriale, marqué par des localisations préférentielles en marge des chaînes de montagne, s'observe aussi dans les Appalaches nord-américaines ou en Asie. Il est en fait assez général, même si les Andes hébergent de grandes agglomérations urbaines, plutôt situées sur les hauts plateaux. La seule ville de plus de 2 millions d'habitants implantée en montagne, Bogota, illustre cette originalité de l'Amérique latine. Partout ailleurs, la grande ville est associée aux vastes plaines et plateaux.

Il est alors nécessaire de s'interroger sur les rapports existant entre les modèles urbains théoriques et les réalités urbaines reconnues en montagne sur le terrain. Cette interrogation est double. Elle concerne aussi bien les phénomènes à l'échelle infra-urbaine, l'organisation territoriale d'une ville, que l'ordonnancement des villes à l'échelle des réseaux urbains. Les villes sont-elles spécifiques ? Existe-t-il un modèle de ville de montagne original ou n'observe-t-on que des déformations mineures des modèles urbains classiques comme celui de Burgess ? En outre, il est bon de savoir si les réseaux urbains de montagne s'ordonnent suivant la logique hexagonale de Christaller ou de Losch, ou si ces réseaux urbains sont agencés suivant des logiques différentes. C'est l'objet de la seconde partie de ce dossier.

1. Les déformations territoriales des villes de montagne

La géographie classique dispose de trois modèles urbains principaux pour comprendre l'organisation territoriale d'une ville (document 1). Le modèle de Burgess, proposé par les sociologues de l'école de Chicago, simule de façon graphique une organisation en zones concentriques, avec un centre et une succession de périphéries. Le modèle de Hoyt distingue des secteurs, le long d'axes de transport, autour du centre initial relativement réduit en taille. Enfin, le modèle de Harris et Ullman est une représentation d'une villes multipolaire, organisée autour de plusieurs centres. Ce type de modèle ne s'applique réellement qu'à de très grandes villes. Il caractérise rarement les villes de taille réduite qui se développent à partir d'un centre unique. Les modèles de métropolisation, ceux de la nouvelle économie urbaine, et ceux de la ville réseau ne sont proposés que pour les très grandes villes multimillionnaires, dont on a constaté dès l'introduction la quasi-absence en montagne.

La rareté de très grandes villes de montagne explique aussi la non-pertinence du modèle des noyaux multiples de Harris et Ullman pour rendre compte de l'organisation des aires urbaines en montagne. Les seules exceptions correspondent à de grandes villes situées sur des hauts plateaux, à l'intérieur d'ensembles montagneux. Les études urbaines de Bogota font ainsi apparaître une agglomération de plus de 5 millions d'habitants qui comprend plusieurs centres dans la ville même, et un dans la cité de Soacha.

Plus généralement les deux autres modèles sont profondément déformés. Ces déformations ont deux origines. D'abord, la ville s'étend de préférence sur des espaces plats. Ces espaces suivent souvent le tracé de vallées. Il s'agit d'une déformation induite par un effet de site. La ville se développe en suivant une logique en doigt de gants. L'étalement urbain régulier, décrit par le modèle de Bussière, est contraint par la présence de pentes qui introduisent des surcoûts dans l'économie résidentielle.

Par ailleurs, la ville de montagne est souvent reliée à une ville de piémont, et dans tous les cas elle tend à se développer en direction de ce piémont, à sortir de son cadre initial et à s'éloigner de l'espace montagnard. La ville tend alors à s'allonger sur un axe de communication essentiel. La déformation est alors le produit d'un effet de situation. Dans les Alpes du Sud, la ville de Sisteron assise sur un verrou se déplace vers le Sud, le long des axes routiers et ferroviaires qui la rattachent à la Provence et à la vallée du Rhône.

Le plan de l'agglomération grenobloise (document 2) intègre ces deux effets déformants de site et de situation. La ville se développe vers Lyon, entre les massifs de Chartreuse et du Vercors. Elle envahit toute la cluse. Mais, l'agglomération s'étend aussi dans les espaces plans de la dépression du Grésivaudan, au sud en direction de Vif, et au nord jusqu'à Pontcharra. Les deux effets de site et de situation se combinent et désorganisent le modèle initial d'une ville monocentrique qui accueillait les ruraux du Triève et de la Matésine, et qui fonctionnait donc suivant le modèle de Burgess. Quelques équipements importants ont des effets polarisants, notamment dans l'aire de Meylan. Ils traduisent les impacts de l'internationalisation de l'économie grenobloise.

Hors des Alpes françaises des mécanismes identiques provoquent des déformations similaires. Cependant, dans les pays en voie de développement tropicaux, la faiblesse des revenus personnels se traduit par une colonisation de sites dangereux, sur des versants en fortes pentes. La structure en doigts de gant est donc partiellement effacée par cette occupation de versants dangereux qui s'éboulent lors des fortes pluies, entraînant de nombreuses victimes. Parfois, comme à Armero en octobre 1985, les coulées de boues sont si épaisses qu'elles ensevelissent presque toute la ville.

Malgré ces déformations plus ou moins intenses, surtout sensible sur les marges urbaines, la ville de montagne conserve une organisation en auréole ou en secteur qui est le témoignage de l'effet dominant d'une centralité, que cette centralité soit d'origine économique ou d'origine culturelle. En montagne, à l'échelle de la ville, les écarts entre la théorie et la réalité de terrain ne remettent pas en cause la valeur des modèles théoriques. En est-il de même à l'échelle des réseaux urbains ?

2. Des réseaux urbains le long des vallées

Pour rendre compte de l'organisation des réseaux urbains, les géographes disposent des modèles de Christaller et de Loesch. Au-delà de leurs différences, et de leur complexité, ces deux théories proposent des modèles géométriques d'hexagones emboîtés (document 3). La pertinence de ces théories est vérifiée par de nombreux auteurs, mais ils avancent toujours des exemples choisis sur de vastes espaces plans, notamment ceux des grandes plaines de l'Amérique du Nord comme l'attestent les travaux de Bryan Berry.

À notre connaissance, on ne dispose d'aucun exemple de réseau hexagonal décrit pour un espace montagnard. Cette anomalie a deux origines. D'abord, les grandes villes qui se situent au sommet de la hiérarchie ne sont pas représentées en montagne. La ville centre au cœur d'un hexagone majeur est donc souvent localisée hors de la montagne. Et la montagne n'héberge plus qu'une partie de cet hexagone principal, partie qui est représentée par deux ou trois villes moyennes.

Cependant, il est possible de reconnaître à plus grande échelle, autour de ces villes moyennes des organisations complètes de type hexagonal. Mais, ce phénomène ne se répète pas de façon régulière à différents niveaux spatiaux. La montagne détruit en fait l'emboîtement des réseaux urbains de Christaller ou de Loesch.

Cette disparition ne signifie cependant pas l'absence de règles dans la structuration des réseaux urbains. Les villes s'ordonnent bien suivant des modèles, mais ils sont d'un autre type. En marge des montagnes, le long des piémonts, des corridors urbains se forment et relient des villes importantes. À l'intérieur même de la masse montagneuse, c'est la présence de vallées qui ordonne la trame des réseaux urbains. Les villes se succèdent, à des distances plus ou moins proches, le long d'une vallée empruntée par des axes de transport moderne. La montagne impose de façon indirecte un ordre linéaire, anisotropique, qui n'a plus de lien avec les modèles théoriques hexagonaux. Cette influence des vallées se marque aussi dans les tissus urbains, notamment par l'importance des ponts, comme dans les villes d'estuaires.

La carte du réseau urbain suisse (document 4) fait bien apparaître cette double dimension. Au nord, en bordure des Alpes, les grandes villes suisses constituent corridor urbain presque continu. À l'Est, un axe urbain traverse les Alpes, de l'Allemagne à l'Italie en empruntant les axes fluviaux. Ce type de modèle se retrouve en Italie, en bordure de l'Apennin émilien et sur les terrasses qui suivent les Alpes, et dans les Appalaches américaines. Il est encore plus net en Chine. Les grandes villes suivent le Yang-Tse Kiang et ses affluents importants. C'est de cette manière que ces villes dominent les communautés de montagne, en amont de Yi-Tchang. Le réseau urbain prend ainsi la forme d'un peigne. En revanche, dans les plaines, les villes chinoises s'ordonnent suivant le modèle de Christaller, en particulier autour de Chongoing.

Conclusion

À l'échelle de la ville ou des réseaux urbains, la montagne a des effets importants sur l'organisation urbaine. Elle ne fait que modifier la structure de la ville en guidant son développement par des effets de site et de situation, et en introduisant par la présence de fleuves des discontinuités d'ordre physique. Mais la croissance urbaine reste dominée par des mécanismes généraux, non montagnards.

En revanche, la montagne rend inopérante l'application des théories traditionnelles de Christaller et de Loesch qui proposent une trame hexagonale emboîtée pour rendre compte des relations entre les villes d'une région. Ses reliefs guident plus qu'ils n'imposent une organisation linéaire qui s'observe dans toutes les grandes montagnes. Si le déterminisme physique n'est pas de mise, il est difficile de ne pas percevoir dans l'assemblage des réseaux de villes l'influence de l'organisation des reliefs.

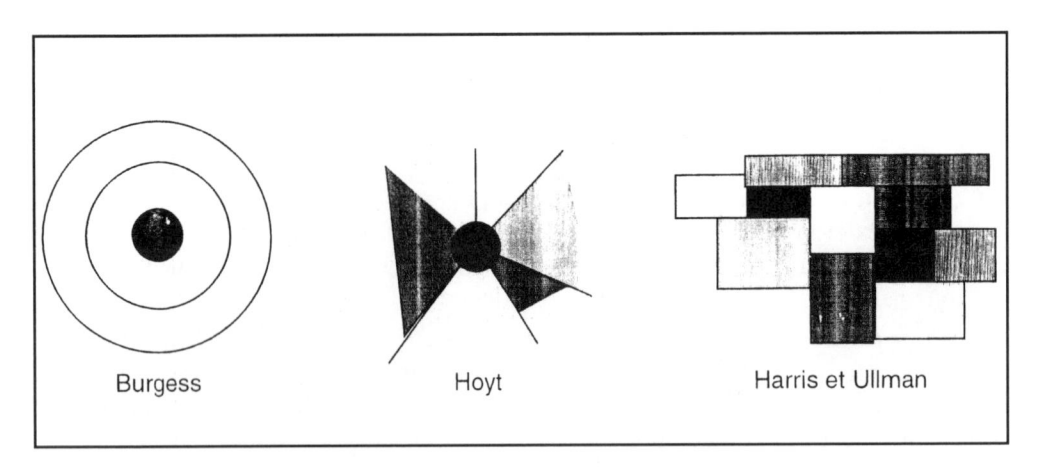

Figure 1 : Modèles urbains classiques

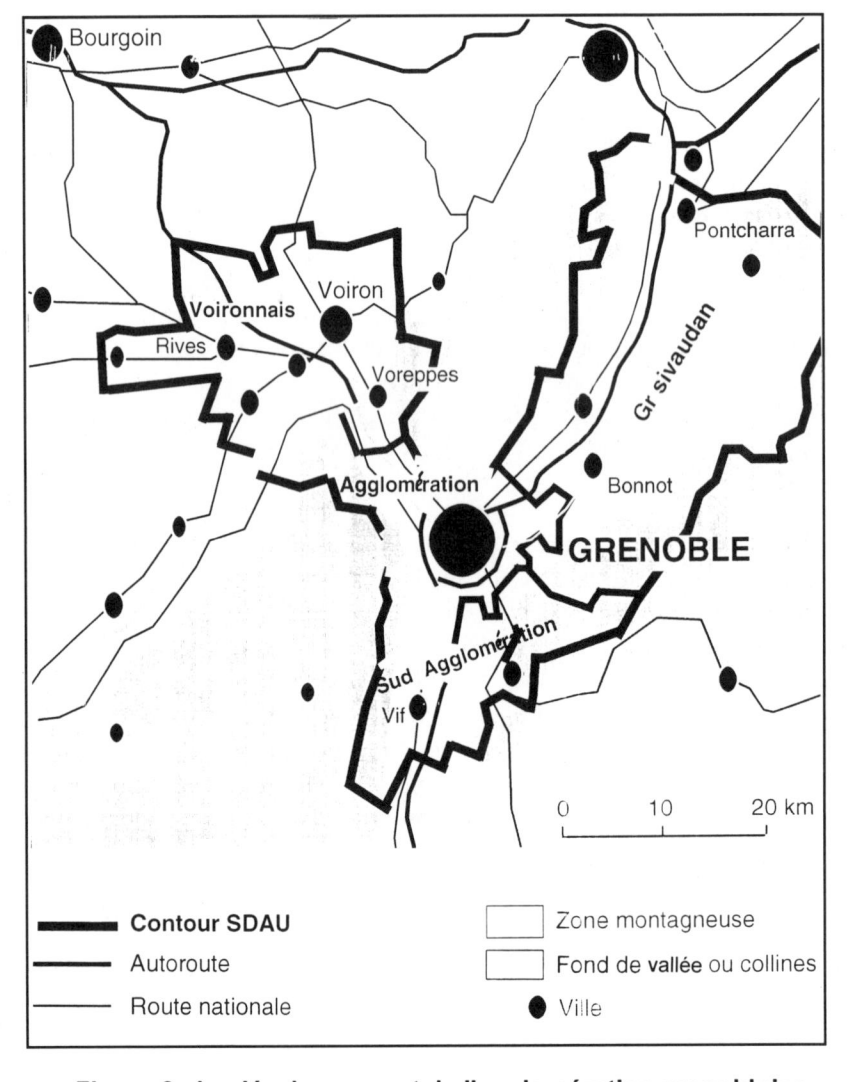

Burgess

Hoyt

Harris et Ullman

Figure 2 : Le développement de l'agglomération grenobloise

Villes de montagne et théories urbaines 103

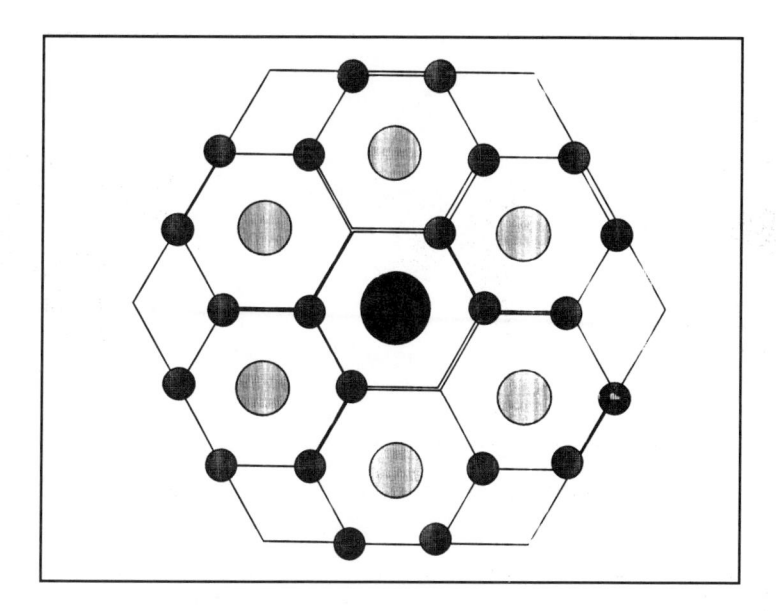

Figure 3 : Réseau hexagonal de type Christaller et Loesch

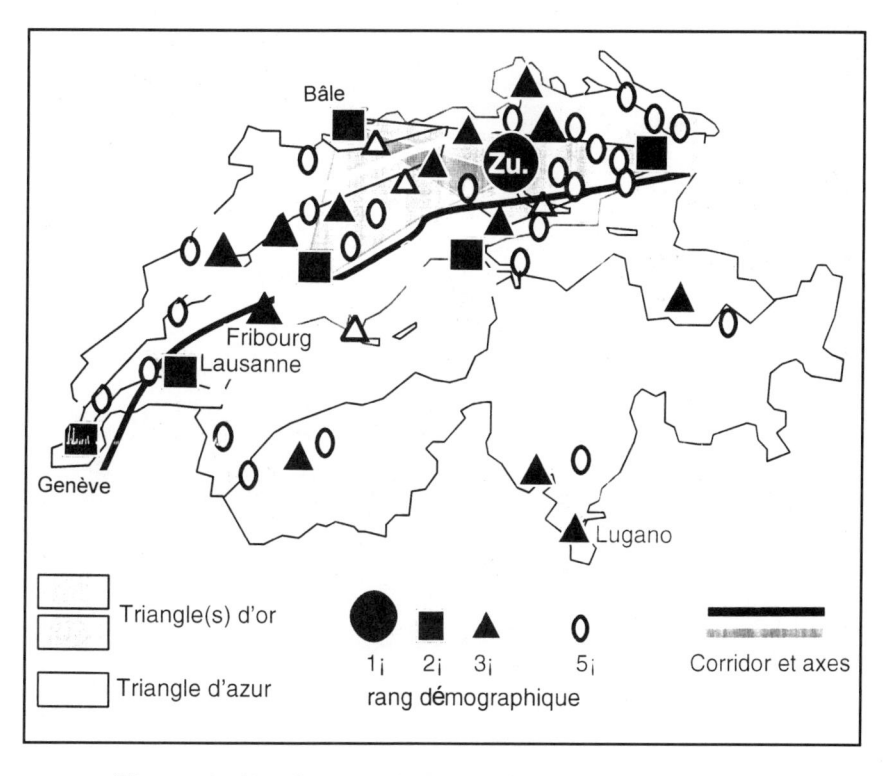

Figure 4 : Un réseau urbaine linéaire : exemple Suisse

Source : J.-B. Racine et C. Raffestin, 1990.

Fréquentation, aménagement et protection des espaces montagnards voués au tourisme et aux loisirs

Anthony SIMON

Conseils méthodologiques

La difficulté principale de ce sujet vient de l'association de deux notions en apparence antinomique : le développement de sites pour le tourisme, et leur protection. Il en découle la nécessité de considérer les parcs et les réserves comme des outils d'aménagement et de conservation d'espaces naturels remarquables, vu qu'ils sont généralement beaucoup visités pour les richesses qu'ils renferment.

Il semble également opportun de distinguer les sites traditionnels du tourisme en montagne, territoire d'abord visité l'été par les élites pour des raisons médicales, de ceux aménagés pour la pratique des sports d'hiver qui répondent à une logique de masse.

La montagne a longtemps été considérée comme un territoire inconnu et effrayant, donc évité par les grandes civilisations européennes à la différence de l'Amérique précolombienne, de l'Asie centrale et de l'Afrique. Or, par un surprenant renversement des valeurs et des comportements, la montagne est devenue un espace attractif dans lequel le tourisme et les loisirs ont réussi à transformer les handicaps d'autrefois (froid, neige) en formidables atouts d'aujourd'hui. Ainsi, le tourisme a su renouveler les représentations et les usages sociaux de la montagne, et l'histoire de cette pratique semble y répéter ses origines : thermalisme et fraîcheur estivale comme premiers atouts, puis passion de la découverte et exploits de l'inutile avec l'alpinisme, enfin, un vaste terrain de jeu équipé pour les sports d'hiver.

Le tourisme prend des formes très différentes selon que l'on se situe en haute montagne (pratique du ski de descente, alpinisme) ou en moyenne montagne (ski nordique, randonnées, etc.), ainsi qu'une importance contrastée entre la haute montagne des pays industrialisés bien équipée en stations de sports d'hiver, leurs moyennes montagnes enclines à un tourisme plus diffus, et les montagnes des pays en voie de développement où le tourisme apparaît plus ponctuel, à l'exception de secteurs très fréquentés, comme les sanctuaires religieux ou les circuits de trekking himalayens. Il en résulte des impacts différenciés de cette activité sur les milieux montagnards, et des réactions plus ou moins hostiles devant les excès du tourisme et la trop grande dépendance de certains secteurs vis-à-vis de leur fréquentation saisonnière. Ainsi, dans les pays industrialisés, le tourisme de haute montagne doit faire face à la remise en cause d'un modèle de développement fondé exclusivement sur les sports d'hiver et les « usines à ski » pour proposer une offre plus compatible avec les besoins de développement économique des montagnards et également plus respectueuse des équilibres environnementaux.

De fait, une analyse de cette thématique touristique en montagne différenciera les secteurs les plus anciennement touchés par un tourisme d'abord religieux, médical, puis sportif avec l'alpinisme, des hautes montagnes des pays développés transformées par les aménagements lourds des stations de sports d'hiver. En réaction devant les excès du tourisme, et par souci de conserver un patrimoine naturel unique, de nombreux parcs et réserves ont été délimités en montagne. Ils proposent une alternative délicate de protection et de mise en valeur de plusieurs régions montagnardes.

*
* *

Les espaces traditionnels du tourisme montagnard

En effet, le tourisme est une activité récente et la principale fonction nouvelle qui ne s'implante véritablement en zone de montagne qu'au XXe siècle. Auparavant, la période romantique met à l'honneur les paysages montagnards, dont la bourgeoisie prend conscience à partir des stations thermales qu'elle fréquente. Puis, le tourisme estival apparaît en montagne dès la fin du XIXe siècle, avec les premières stations de luxe créées soit sur les villes thermales mêmes, soit dans des sites aux paysages séduisants.

▶ En effet, des siècles durant, la montagne est restée un monde à part, méconnu et redouté, jusqu'à la découverte de la vallée de Chamonix par les Anglais en 1741 et par les propos que tient Rousseau dans sa *Nouvelle Héloïse*. Le philosophe, d'ailleurs, connaissait à peine cette montagne dont il fait le décor d'une thèse politique au goût du jour. Puis, De Saussure, botaniste, géologue, et professeur de mathématiques, en se hissant sur le toit de l'Europe, le 3 août 1787, en compagnie de porteurs et de dix-huit guides, lance le coup d'envoi de l'ère des conquêtes alpines. Les monts affreux et les glaciers livides vont désormais faire place aux musées naturels où sont entassés depuis des millénaires des trésors inviolés. D'insolite, la montagne devient prestigieuse, d'objet de crainte, elle se métamorphose en un havre de paix. Elle va susciter autant d'enthousiasme et de vocations qu'elle avait engendré de répulsion et de frayeur.

Enfin, la montagne devient une destination thérapeutique avec son ouverture au tourisme médical dès la fin du XVIIIe siècle. Elle est synonyme de pureté par opposition au monde des villes infesté de « miasmes », d'où le développement des stations thermales au pied des massifs, des maisons de santé (futurs sanatoria et préventoria) en moyenne montagne, et des séjours d'été des aristocrates pour le climatisme (air frais et sain).

> Les Suisses et les Allemands ont véritablement consacré cette forme de séjour dans la seconde moitié du XIXe siècle (cf. Davos dans les Grisons et Leysin dans le canton de Vaud), avant qu'elle ne se diffuse à la France (Font-Romeu, Briançon...) et à d'autres régions européennes. Il existe aussi une tradition de séjour en montagne pour les bourgeoisies et le personnel administratif de villes souffrant de pénibles conditions climatiques durant une partie de l'année. Ainsi, l'administration coloniale britannique de Calcutta et Delhi prenait ses quartiers d'été à Simla et Darjeeling pour fuir les fortes chaleurs précédant l'arrivée de la mousson.

Cette motivation hygiéniste a faibli en Occident après la Seconde Guerre mondiale, mais elle est aussitôt relayée par l'importance accordée au bien-être, notamment par le biais du tourisme sportif.

▶ Ce dernier ouvre, au XIXe siècle, l'ère de l'alpinisme et des conquêtes. Ce luxe devait être lié à un état de civilisation ; il est inventé par les citadins d'un pays démuni de montagnes, les Anglais, que motivent peut-être leur instinct industriel en plein essor. L'exploitation de la haute montagne européenne s'achève en 1877 par la conquête du dernier grand sommet de Alpes, la Meije occidentale, suivie, en fin de siècle, par l'ère des exploits, et, au XXe siècle, la conquête des sommets himalayens.

Tous ces sportifs se rassemblent dès 1857 au sein de l'*Alpine Club* qui bénéficie très vite d'une autorité morale considérable et diffuse sa connaissance des montagnes à travers un nouveau genre littéraire, les récits d'ascension.

Puis, en France, au lendemain de la défaite de 1870, les associations nationalistes font de l'alpinisme un ferment de la renaissance nationale, qui débouche en 1874 sur la création du Club alpin français (CAF), sur le modèle de l'*Alpine Club*, afin de faciliter la connaissance des montagnes françaises par des excursions et la publication de travaux divers. Une œuvre matérielle considérable est alors entreprise par le CAF dans l'aménagement de la montagne : balisage des voies explorées, construction de refuges et chalets-hôtels, formation des guides, aménagement de belvédères et d'observatoires comme celui du pic du Midi en 1882 et celui de l'Aigoual en 1885.

Lié à l'alpinisme, le tourisme estival se développe aussi grâce aux moyens de communications, à la fois par le retour des émigrés au pays pour quelques jours et sous l'impulsion initiale du thermalisme et du climatisme, dans des villes d'eaux mais aussi de petits centres qui savent retenir une clientèle aisée : Annecy, Valloire, Bourg-Saint-Maurice... Le premier pôle d'attraction est toujours un grand hôtel, parfois un palace, puis apparaissent les premiers équipements propres à la montagne de loisirs : funiculaires et crémaillères pour gagner les stations, téléphériques pour se rendre aux points de vue, etc.

Mais l'impulsion principale vient du développement des sports d'hiver, timide avant 1930, affirmé depuis 1950.

Le développement prodigieux d'une économie des sports d'hiver à haute altitude

▶ C'est dans la seconde moitié du XIXe siècle que les pratiques hivernales de la montagne connaissent leurs premiers développements hors des espaces où elles sont traditionnelles, comme c'est le cas des pays scandinaves. Les pratiques des sports d'hiver sont vécues comme des expériences nouvelles par les habitants locaux ou des habitués.

> Les premiers clubs de ski apparaissent en Australie vers 1860 ainsi qu'en Nouvelle-Zélande ; Autriche, Allemagne et Suisse dans les années 1860 (Saint-Moritz inaugure sa première saison hivernale vers 1864 avec la luge et le bobsleigh), etc. En France, les premiers essais de ski alpin ont lieu en 1879 avec du matériel venu de Norvège ; c'est l'Anglais Arnold Lunn qui adopte cette pratique norvégienne dans les Alpes avec deux planches et un bâton unique. Puis, le Dr Payot popularise le ski à Chamonix au tournant du XXe siècle en allant visiter ses malades en ski.

L'expansion est stoppée par la Guerre de 1914-18, mais déjà d'autres sports d'hiver, appelés jeux nordiques (patinage, luge, curling, raquettes, bobsleigh) font le succès de la station suisse de Saint-Moritz et commencent à être pratiqués dans les Alpes françaises.

Puis, dans l'après-guerre, les premières stations de sports d'hiver se développent, accompagnées du succès des premiers Jeux olympiques d'hiver organisés à Chamonix en 1924, et de la plus ancienne école de ski du monde à Saint-Moritz.

> Ainsi, au-dessus des grandes vallées, mais à des altitudes encore modérées, d'anciens villages comme Megève, Val-d'Isère ou Huez se transforment en stations bivalentes, hivernales et estivales. Ce modèle prévaut pour la majeure partie des stations du Valais, ainsi qu'au Tyrol où les facilités d'accès et la renommée précoce de l'enseignement du ski ont fait la fortune de stations où l'hébergement se fait presque entièrement chez l'habitant.

Enfin, le ski de descente connaît la consécration olympique à Garmisch en 1936 et s'impose comme discipline dominante pendant la saison hivernale. Ainsi, dans certaines stations, l'hiver l'emporte déjà sur l'été et on assiste à la création de stations nouvelles vouées presqu'exclusivement au ski.

▶ En effet, devant l'afflux de touristes vers les sports d'hiver, l'implantation de nouvelles stations s'est imposée à partir des années 50. Celles-ci gagnent en altitude à la recherche d'un enneigement plus long et plus régulier, et se distinguent par leur conception architecturale adaptée à la démocratisation relative du ski de piste.

Ces stations illustrent ainsi un double processus de diffusion sociale et spatiale du ski qui conduit à la multiplication des centres aménagés : en France, on en comptait 154 en 1936, 225 en 1956, contre plus de 400 aujourd'hui. À titre de comparaison, on dénombre actuellement plus de 700 centres en Amérique du Nord, environ 200 au Japon, et 400 pour la seule Norvège. Ces centres sont établis dans des contextes naturels très variés et, si l'on se réfère aux sites idéaux, de très inégale qualité. C'est pourquoi, dans le même temps, les régions de montagne qui rassemblent ces conditions idéales ont vu se multiplier les stations importantes.

> Ainsi, dans les Alpes du Nord françaises offrant des conditions optimales (Tarentaise), l'intervention de promoteurs immobiliers associés aux collectivités territoriales a donné naissance aux stations dites « intégrées » parce que conçue et réalisée sous l'égide d'un organisme unique.
>
> Par exemple, au pied d'un domaine skiable de 15 000 ha, La Plagne offre aujourd'hui 35 000 lits répartis dans de longs immeubles et de tours atteignant les 17 étages, et dotés de galeries marchandes organisées en un front de neige. L'espace se trouve ainsi dissocié entre une zone de circulation pour automobiles, une zone de logements collectifs, et une zone vouée aux loisirs centrée sur la « grenouillère », point de départ des remontées mécaniques et d'arrivée des pistes de ski.
>
> Au total, dans cette seule Tarentaise, les plus importantes stations sont nées simultanément, de 1961 à 1972, conçues sur un même modèle inauguré à La Plagne.
>
> Enfin, il s'est un produit un essaimage à distance pour mettre en valeur des sites analogues dans d'autres massifs, comme en Suisse (Anzere en Valais), en Italie (Pila en Val d'Aoste), en Bulgarie, au Chili et en Argentine.

▶ Cette expansion touristique sans précédent en montagne ne profite pleinement qu'aux stations de haute montagne capables d'assurer une longue saison hivernale associée à une saison estivale plus courte, ainsi qu'à quelques stations de renommée exceptionnelle. Sont laissées pour compte la grande majorité de la moyenne montagne et une partie de la haute montagne peu enclines au tourisme ou moins favorisées sur le plan climatique. De plus, le touriste de la neige apparaît de plus en plus exigeant quant à la qualité et la durée du manteau nival, ce qui introduit des sélections rigoureuses d'un massif à l'autre, d'une tranche d'altitude à une autre, voire d'une exposition à une autre. Or, la création d'une station de sports d'hiver est déjà porteuse d'espoirs avant même sa réalisation car son exploitation suscite une multitude d'emplois, surtout saisonniers, et volontiers réservés à des jeunes, ce qui implique un incessant renouvellement de la main-d'œuvre. De nouveaux courants migratoires saisonniers jettent pêle-mêle sur les alpages tout un monde citadin. Alors que le montagnard fuyait l'altitude en hiver, les premières neiges attirent des milliers de skieurs. C'est un renversement total des valeurs traditionnelles car l'occupation maximale de la haute montagne a lieu en hiver et l'on édifie des villes sur les pentes les plus enneigées où jamais personne n'avait envisagé d'habiter.

Aussi un nouveau regard et une nouvelle demande sociale opposent-ils aujourd'hui à la conception de ces satellites urbains, vivant de façon saisonnière sur eux-mêmes et imposant à une montagne désertée des structures importées de la ville, des aménagements mieux intégrés, plus diversifiés et plus souples qui valorisent un paysage sans l'abîmer et sans détruire ce que viennent chercher ces visiteurs temporaires. Cette politique-là passe par le respect de la diversité de la montagne par une nouvelle prise de conscience de ses logiques naturelles, de ses équilibres et de leur tolérance, par un usage polyvalent de l'espace et de ses ressources naturelles : elle passe également par une relance de l'activité rurale en place grâce sans doute, à l'encouragement d'une polyactivité raisonnée qui harmoniserait élevage et cultures spéculatives, tourisme et valorisation de produits finis. C'est pourquoi il faut souhaiter le développement d'une pluriactivité qui préserve l'activité agricole comme base sociale et économique de la montagne, mais dont l'espace et l'organisation sont désormais annexés à des intérêts extérieurs.

D'ailleurs, devant les excès de l'aménagement des milieux montagnards, certains pensent à protéger ce territoire, sa faune et sa flore, biens de nature exceptionnels.

Conserver et affecter aux loisirs des espaces montagnards : le rôle des parcs naturels

Le succès même de la montagne a posé le problème de sa conservation, d'où la délimitation d'espaces protégés mais non soustraits à la fréquentation touristique.

▶ Les parcs naturels constituent un outil d'aménagement rural, de développement local et de protection du milieu montagnard, tout en contribuant à la promotion touristique d'un lieu remarquable.

D'ailleurs, dès leurs origines américaines, les premiers parcs naturels implantés en montagne ont poursuivi un double objectif : assurer la conservation des espaces naturels dans leur aspect original, et les affecter sous certaines conditions à la détente et aux loisirs des habitants. Ce sont ces précurseurs créés dans la deuxième moitié du XIXe siècle dans les Rocheuses (Yellowstone et Yosémite) qui ont servi de modèle et de référence internationale aux créations ultérieures dans les montagnes du globe.

> Ces parcs américains sont gérés selon un zonage délimitant l'usage de différentes catégories d'espaces (aires de services, routes, espaces protégés), leur entrée est payante, et leur surveillance assurée par des gardiens, les rangers. La durée du séjour est limitée à

> une quinzaine de jours. Le succès de ces parcs est rapide car étroitement lié d'abord aux excursions organisées par les grandes compagnies ferroviaires, puis au développement de l'automobile qui fait que les parcs les plus proches des grandes agglomérations sont les plus visités (cas des Great Smoky Mountains dans les Appalaches qui reçoit plus de 8 millions de visiteurs par an). En somme, ce système de protection et de gestion par l'État fédéral reste unique au monde par son ampleur : il concerne aujourd'hui 335 sites sur 30 000 km², qui, à quelques rares exceptions près, restent localisés dans les montagnes des Appalaches et des Rocheuses.

Le principe de conservation très poussé dans les parcs des États-Unis et du Canada, a été repris, sous des formes atténuées, par certains pays européens, dont l'Espagne avec le parc national d'Ordesa dans les Pyrénées aragonaises. En France, la politique jugée timide des réserves naturelles a cédé le pas à celle des parcs nationaux dans les années 60. Le premier, celui de la Vanoise, est montagnard ; créé en 1963, il recoupe une zone centrale strictement protégée de 50 000 ha, et une zone périphérique de 150 000 ha soumise à la convoitise des promoteurs des stations de sports d'hiver les plus proches.

L'attrait des parcs auprès d'un grand public de randonneurs et les aménagements concertés qui y sont réalisés, soutiennent en partie l'économie montagnarde défaillante, mais sans commune mesure avec les retombées des sports d'hiver.

▶ Au total, les parcs les plus fréquentés s'avèrent être ceux qui combinent deux critères : une bonne accessibilité depuis les principaux foyers urbains des pays riches, et une forte attractivité touristique pour des systèmes de valeurs très populaires : contemplation du paysage, promenade, etc. Pour cette raison, les parcs des Alpes totalisent le plus de visiteurs, comme ceux des Appalaches proches de la Megalopolis nord-américaine. Inversement, quelques sites de notoriété internationale ne reçoivent pas toujours des flux de visiteurs abondants : ainsi, les parcs nationaux néo-zélandais qui, aux yeux de certains, figurent parmi les plus beaux du monde, n'enregistrent que 2,5 millions de visites par an malgré une très intense fréquentation des néo-zélandais eux-mêmes. De même, l'ensemble de la chaîne des Rocheuses, relativement éloignée des foyers urbains américains, est dans ce cas, bien que le parc du Yellowstone, sa principale attraction touristique, accueille à lui-seul 2,5 millions de visiteurs par an.

*
* *

À l'échelle du globe, la mise en tourisme de la montagne reste très incomplète, fort inégale, et plutôt tardive. Elle caractérise surtout les pays développés, et plus particulièrement les Alpes et les Rocheuses avec des aménagements lourds réalisés depuis 1950 pour la pratique des sports d'hiver. Cet état de fait s'explique par la proximité des réservoirs de clientèle et la qualité des dessertes routières et ferroviaires, qui jouent un rôle décisif dans la fréquentation des montagnes tant par les touristes que les simples pratiquants de loisirs sportifs.

Généralement, le séjour estival a précédé le développement d'une saison hivernale, et il reste souvent majoritaire. De plus, suivant leur position et leur situation altitudinale, les massifs et stations ne profitent pas également de l'avantage d'une double saison. Mais, dans tous les cas, on cherche à étoffer l'offre traditionnelle en diversifiant les activités et les pratiques sportives.

Par la projection en altitude de véritables villes et la nécessité de développer des réseaux de remontées mécaniques, c'est sans doute le tourisme des sports d'hiver qui a le plus profondément modifié les espaces montagnards et suscité d'amples débats ayant conduit, comme dans les pays de l'Arc alpin, à une évolution significative des conceptions d'aménagement et un souci de protection de la nature montagnarde.

En conséquence, plusieurs questions se posent sur les perspectives de ce tourisme montagnard, notamment son intégration au milieu local alors que cet espace est de moins en moins contrôlé par les communautés autochtones, et la conception d'un aménagement touristique cohérent et structurant, accueillant des clientèles aux moyens et aspirations contrastées, et entrant parfois en conflit avec les autres usagers de la montagne.

112   Deuxième partie : Sociétés et activités

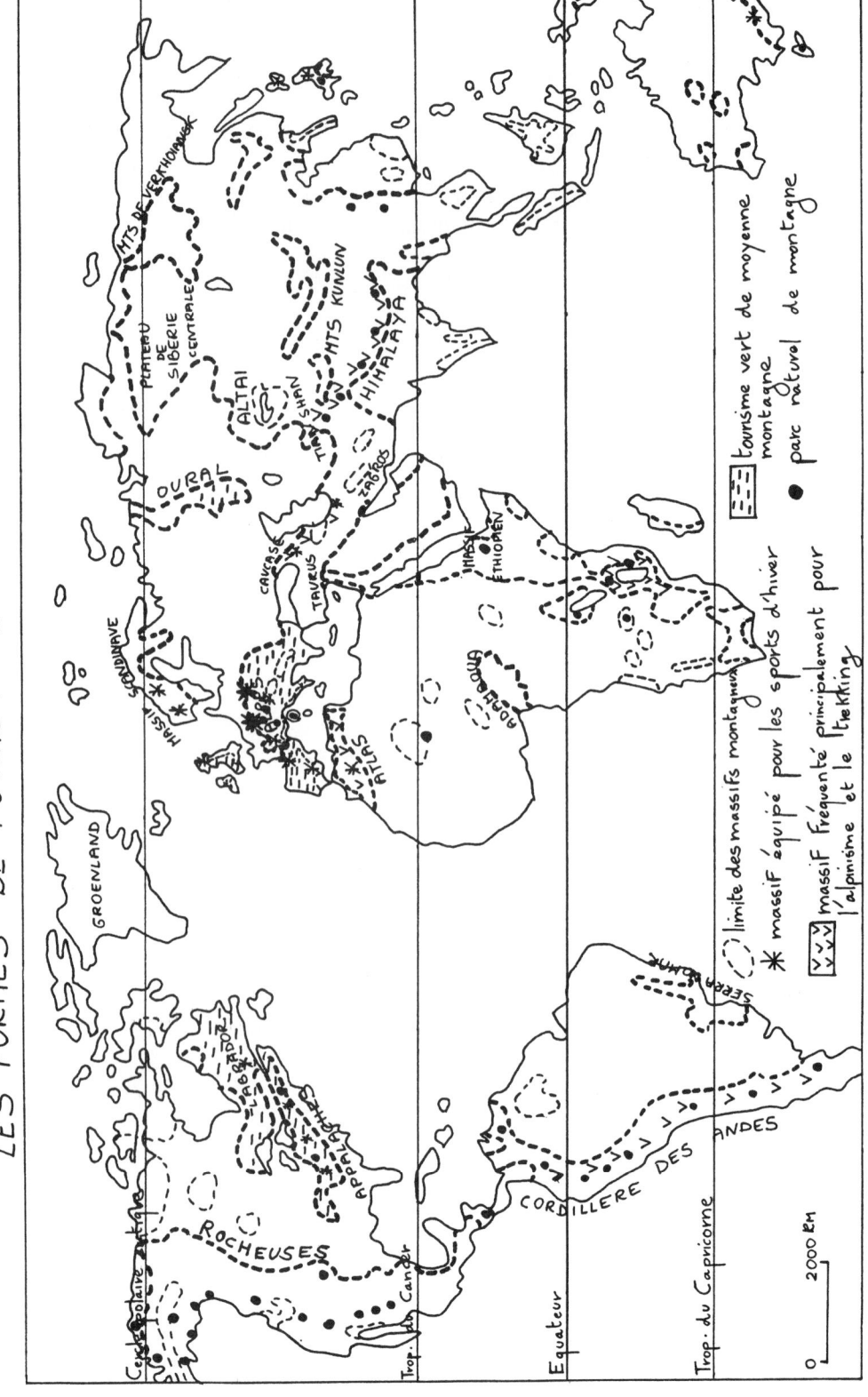

Troisième partie :
Études régionales

La géographie politique de l'Arc alpin est-elle déterminée par la montagne ?

Gérard-François DUMONT

Conseils méthodologiques

Analyser les termes du sujet : la géographie politique est une branche de la géographie qui « étudie les forces à l'œuvre dans le champ du politique en précisant la manière dont elles contribuent à façonner le monde » (Claval, 1994). L'utilisation de la formule « Arc alpin », au singulier, invite à s'interroger sur l'unité des Alpes, terme évidemment pluriel. Les territoires de l'Arc alpin se répartissent politiquement entre divers États dont il faudra préciser les caractéristiques. Le fait de faire partie de la montagne alpine peut-il expliquer la nature de la géographie politique de cette région européenne ?

Réfléchir au champ temporel et géographique : le sujet ne précise pas de champ temporel. Il s'intéresse implicitement à la période contemporaine, mais n'interdit pas d'éclairer le sujet par des exemples historiques. Le champ géographique de l'Arc alpin doit être précisé, mais le sujet peut nécessiter de considérer d'autres territoires, car la géographie politique de l'Arc alpin n'est pas indépendante de celle d'autres espaces européens.

*
**

Dans les analyses concernant l'avenir de l'Europe, l'utilisation du terme arc pour désigner un ensemble territorial réunissant des régions de plusieurs pays est fréquemment usité. L'« Arc atlantique » ou l'« Arc latin » sont devenues des expressions banales dans les rapports des instances de Bruxelles. L'Europe est composée d'un autre arc géographique, l'« Arc alpin », caractérisé par la montagne, contrairement aux deux autres qui sont des façades maritimes. L'Arc alpin couvre une superficie de 180 000 km^2, soit le tiers de celle de la France. Légèrement incurvé vers le Nord, il s'étend sur plus de 1 200 km de long. Partant des Alpes-Maritimes, il s'étire jusqu'à Vienne ouvert vers l'Est, puis jusqu'à Trieste de nouveau sur la Méditerranée. Sa largeur, de seulement 120 à 180 km à l'ouest du Saint-Gothard, château d'eau de l'Europe, atteint plus de 250 km à l'est du Brenner.

Élargis aux périmètres administratifs auxquels ils appartiennent, les territoires alpins additionnent les régions de France et d'Italie mordant sur les Alpes, Monaco, les Cantons Suisses et le Liechtenstein, le Land Allemand de Bavière, les Länder Autrichiens, la République de Slovénie et une petite partie de la Croatie, soit 52 millions d'habitants. L'appartenance aux Alpes a-t-elle des conséquences sur la géographie politique de ses territoires ? Pour répondre à cette question, il convient d'abord de présenter les particularités de cette géographie politique dans un premier point, avant de s'interroger sur le rôle des facteurs naturels.

I. Une géographie politique fragmentée

L'Arc alpin est un espace politiquement fractionné, au sein duquel se distinguent un morcellement politique entre divers États souverains et des régions dépendantes de capitales politiques nationales géographiquement éloignées. Le morcellement est accentué dans la mesure où l'organisation politique et les champs de compétence des différents territoires sont très variables.

A. Un morcellement politique d'États-souverains

La majeure partie ou la totalité du territoire de cinq États fait partie de l'Arc alpin. Ces États comptent une superficie, une organisation et un poids géopolitique fort différents.

Historiquement, le premier État de l'Arc alpin est la Suisse. Son importance s'est affirmée au XIIIe siècle avec le développement des échanges de biens ou de marchandises entre le Sud et le Nord de l'Europe. La nature politique de cet État, comptant sept millions d'habitants en 2 000 et 39 550 km^2, est très particulière, comme l'indique son intitulé officiel, Confédération helvétique. Après Marignan (1515), la Suisse cesse de prendre part aux conflits européens, puis le traité de Vienne de 1815 reconnaît sa neutralité. Cela lui vaut aujourd'hui la présence sur son sol de nombreuses organisations internationales, bien que la Suisse ne soit pas membre de l'Onu. Ce pays demeure plus que jamais un pays confédéral, puisque l'arrêté fédéral du 18 décembre 1998, approuvé par référendum en 1999, définit une nouvelle Constitution, présentant logiquement les textes et amendements constitutionnels divers du passé, et confirmant l'autonomie des cantons et la neutralité suisse.

Même si leurs territoires ont une longue histoire derrière eux, les autres États contemporains de l'Arc alpin sont beaucoup plus récents que la Confédération helvétique.

Pays fédéral depuis les lendemains de la Deuxième Guerre mondiale, l'Autriche est entrée dans l'Union européenne le 1er janvier 1995 en dépit d'une règle de neutralité résultant des équilibres à trouver à la fin des années 1940 entre le bloc soviétique et l'Occident. Une étude précise des textes met en évidence que la « neutralité » autrichienne est une décision prise par ce pays dans ce contexte particulier et donc qu'elle est révisable, ce qui signifie par exemple que l'Autriche peut participer à la politique étrangère et de sécurité commune de l'Union européenne, conformément au traité d'Amsterdam. La question continue néanmoins de soulever des discussions.

Un troisième type d'États pourrait être considéré comme négligeable, parce qu'il s'agit en quelque sorte de « confettis de l'Histoire ». Le Liechtenstein et la principauté de Monaco n'ont chacun que trente mille habitants environ. Le premier compte 161 km^2, soit la moitié de la superficie d'un canton rural français, et le second à peine 2 km^2, même après la création d'un nouveau quartier pris sur la mer.

Mais ces petits États ont désormais une existence pleine et entière. Le Liechtenstein est membre de l'Onu depuis 1990 et a droit, à ce titre, aux protections de la charte de l'organisation internationale ; en outre, il a adhéré par référendum en 1992 à l'Espace économique européen. Monaco, qui ne souhaite pas devenir membre de l'Union européenne, a été admis à l'Onu en 1993. Ces deux petits États ont donc une voix dans le concert international. Le premier se sent réellement concerné par sa position dans les Alpes, tandis que le second, qui doit aux Alpes certaines particularités de son climat et de sa topographie, est plutôt tourné vers la Méditerranée.

Enfin, l'Arc alpin comprend un État récemment constitué et reconnu par ses voisins, la Slovénie. Les premières élections libres en Slovénie ne datent que d'avril 1990. Quelques mois plus tard, le référendum du 23 décembre 1990 approuve l'indépendance à 88,2 %. L'année suivante, la cessation de tout versement financier au budget fédéral de la Yougoslavie et la proclamation de l'indépendance le 25 juin 1991 prennent acte de l'absence de dialogue avec Belgrade, mis en évidence par les attaques militaires. Après l'acceptation par la Slovénie de suspendre temporairement le processus d'indépendance, la Yougoslavie l'avalise et l'Union européenne la reconnaît le 20 janvier 1992, suivant l'exemple de trente pays.

Outre ces cinq États, l'Arc alpin compte les régions de divers autres pays européens.

B. Des régions à statut variable éloignées des centres politiques

La plus vaste région administrative de l'Arc alpin est l'État libre d'une fédération étatique. La Bavière forme l'un des seize Länder de l'Allemagne, mais avec une histoire et donc une identité tout à fait spécifique. Peuplée de 12 millions d'habitants et disposant de 70 554 km^2, la Bavière est l'espace géopolitique le plus peuplé et le plus étendu de l'Arc alpin. Ses craintes actuelles tiennent au risque de retour à des tendances centralisatrices, symbolisées par le transfert du gouvernement fédéral de l'Allemagne de Bonn à Berlin en 1999. La Bavière ne dispose pas de pouvoir constitutionnel en matière de politique étrangère, mais son poids politique et économique lui donne en fait d'importantes marges de manœuvre qui se traduisent par des coopérations avec des collectivités territoriales étrangères.

Enfin les derniers espaces de l'Arc alpin sont des régions de grands pays plutôt centralisés. Néanmoins, côté italien, deux régions à statut spécial, le Val d'Aoste et le Trentin-Haut-Adige, disposent d'une autonomie certaine par rapport à la capitale romaine. En revanche, les autres territoires italiens alpins, parties nord du Piémont, de la Lombardie, de la Vénétie et du Frioul-Vénétie Julienne, n'ont pas de statut particulier et apparaissent assez éloignés des préoccupations du pouvoir central italien.

Cette dernière caractéristique est encore davantage vraie en France où la décentralisation lancée en 1982 n'a été que partiellement accomplie. Il suffit pour le comprendre de noter que les départements et les régions françaises ont tous une double structure administrative, celle de l'État et celle des collectivités territoriales, alors que dans un pays centralisé comme la Suède, les administrations locales sont considérées comme suffisantes pour appliquer à la fois les décisions locales et les réglementations nationales. En outre, l'État ne tient pas ses engagements vis-à-vis des collectivités territoriales et les traite parfois comme de simples « supplétifs ». Par exemple, selon les huit Présidents des conseils régionaux de Rhône-Alpes réunis à Grenoble en septembre 1999, « Le bilan 1994-1998 de l'exécution du 11e contrat État-Région pour Rhône-Alpes établit un taux d'exécution global de 90 % des inscriptions, mais en réalité de 95 % pour la part financière des collectivités locales et de 85 % seulement pour celle de l'État ». Les espaces véritablement alpins ne représentent qu'une partie des régions françaises administratives concernées. En Rhône-Alpes, il s'agit de la Savoie, de la Haute-Savoie, de l'Isère, voire de l'Ain, soit trois ou quatre départements sur huit. En région Provence-Alpes-Côte-d'Azur, deux départements, les Bouches-du-Rhône et le Vaucluse, ne sont guère alpins, contrairement aux quatre autres, mais ces deux départements pèsent démographiquement la moitié de la région et l'un abrite la capitale régionale.

En définitive, le pouvoir politique français, demeurant très centralisé, s'intéresse éventuellement aux Alpes à des fins de recettes touristiques (Jeux olympiques de

Savoie) ou lorsque des événements graves y surviennent (accidents de montagne, de tunnel), mais ne semble guère y attacher d'importance politique.

La géographie politique des territoires alpins se caractérise par un important morcellement politique. En outre, plusieurs territoires alpins importants sont partiellement dépendants de pouvoirs politiques plutôt éloignés des préoccupations alpines (Paris, Rome, Berlin). La fragmentation territoriale de l'Arc alpin est-elle le fruit d'un déterminisme géographique ?

II. Le rôle des facteurs naturels

L'examen du facteur naturel intrinsèque, la montagne, peut sans doute expliquer le morcellement politique de l'Arc alpin. Mais la topographie n'a pas que des effets de frontière et l'action humaine a aussi de l'influence.

A. Cloisonnement naturels et diversité politique

Les Alpes, à l'inverse des plaines, offrent un ensemble naturellement fractionné en grandes vallées soit, en passant de l'Ouest à l'Est, le Var, la Durance, l'Isère, le Rhône, la Reuss, le Tessin, le Rhin, l'Inn, l'Adda, l'Adige, la Brenta, la Piave, le Mur/Mura, l'Enns et le Salzach, la Drave et la Save. Ces vallées de quelques dizaines de kilomètres de longueur, souvent étroites, sont séparées par des montagnes dépassant fréquemment 2 000 mètres d'altitude. Elles sont souvent difficiles d'accès, coupées par des cluses en aval et fermées par des cols à franchir.

La région type dans les Alpes ressemble fortement à cet exemple : une vallée principale, longue de 50 à 100 km, passant de 2 000 mètres. d'altitude en amont à quelques centaines de mètres en aval, entourée par des chaînes de montagnes entre 2 000 et 3 000 mètres, utilisées souvent comme alpages d'été. Les villages principaux se situent aux élargissements physiques ou sur les cônes de déjection à la sortie des vallées latérales. Ce dispositif est complété par des villages et hameaux de moindre importance, sur les versants et les vallées latérales.

Les Alpes ont donc une division en régions naturelles susceptibles d'expliquer certains traits de géographie politique comme l'organisation confédérale de la Suisse.

Au fil de l'histoire, des puissances extérieures qui se répartissent telle ou telle partie de l'espace alpin n'y ont souvent qu'une très faible influence. Au Moyen Âge, l'absence de moyens de communication rapides et sûrs et le faible développement de l'appareil administratif limitent encore plus dans les régions de montagne les volontés de centralisation. Ainsi s'établissent ou se maintiennent nombre de pouvoirs locaux fractionnés. Ce trait politique distinctif de l'Arc alpin traverse le Moyen Âge et se prolonge ensuite. Il explique le maintien jusqu'à aujourd'hui de minorités linguistiques comme les Rhètes romanisés et les Ladins, des siècles après la régression de la latinité.

Ainsi, les contraintes physiques des Alpes semblent expliquer le destin politique de l'Arc alpin et sa fragmentation. Pourtant ces contraintes ne sont peut-être pas totalement dirimantes pour l'unité alpine.

B. Une inévitable absence d'unité politique ?

En effet, toutes proportions gardées et comparativement aux autres chaînes montagneuses dans le monde, les Alpes sont de petite taille (par rapport aux Andes (8 000 km sur 100 à 500 km de largeur), aux Rocheuses (4 000 km sur 500 km), ou à l'Himalaya (2 850 km sur 300 km). Seul le Caucase est de la taille des Alpes (1 250 km

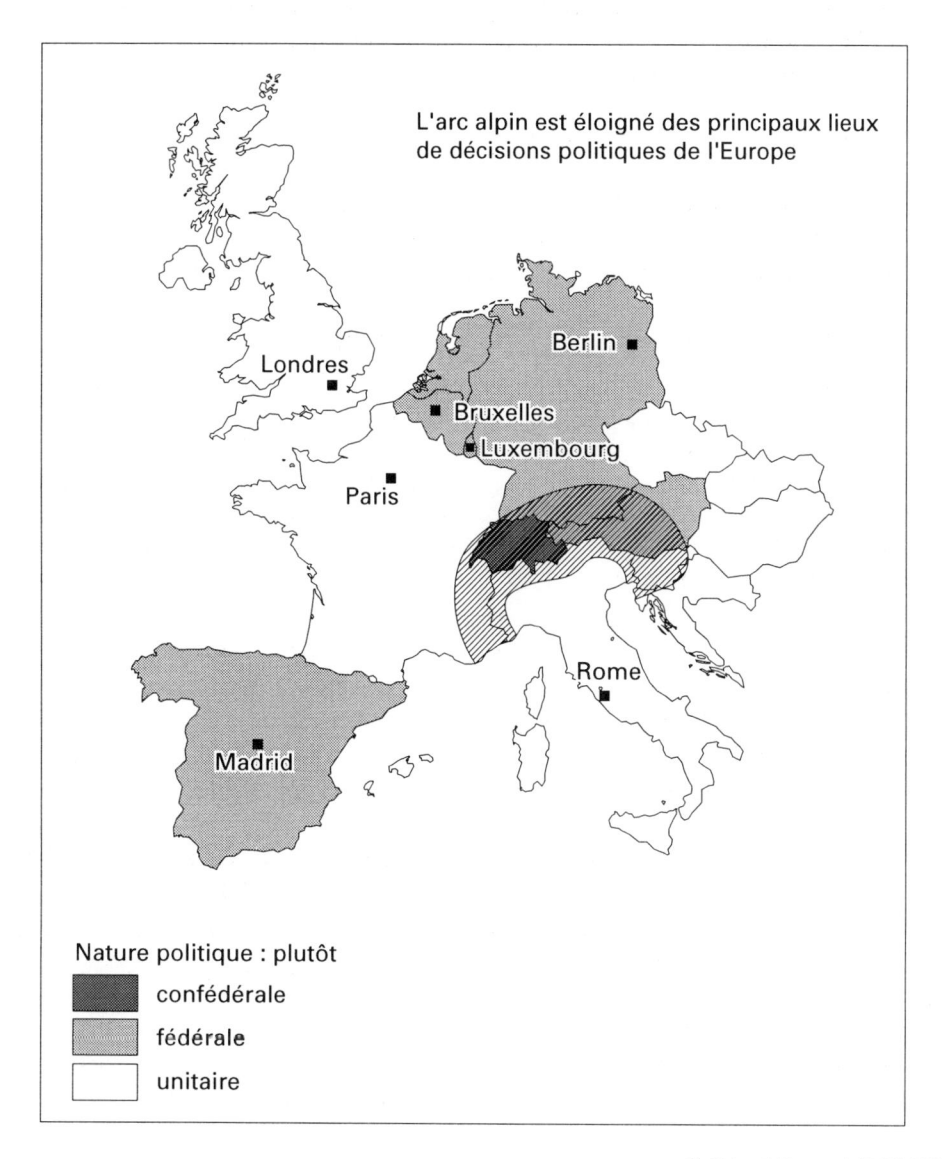

La géographie politique de l'Arc alpin est-elle déterminée par la montagne ?   119

L'Arc alpin et les capitales politiques européennes

© Gérard-François DUMONT

sur 150 km), mais c'est une double chaîne. Les Alpes ne sont massives qu'à l'échelle de l'Europe, formant moins une barrière matérielle qu'une sorte de dilatation de la distance. Pour la franchir, il faut bien évidemment plus de temps, à distance égale, que dans les pays de plaines. Mais les Alpes sont relativement faciles à franchir car l'altitude de la majorité des sommets oscille entre 2 000 et 2 500 mètres. Seules les Alpes Centrales, du Mont-Blanc (4 807 mètres) au Grossglockner (3 797 mètres) dépassent largement les 3 000 mètres d'altitude. Cette surélévation de la partie centrale des Alpes est cependant compensée, pour un voyageur éventuel, par le resserrement de la chaîne dans sa largeur : entre Lucerne et Lugano, il n'y a guère que 180 km.

Les vallées latérales aux dix-sept fleuves qui forment les vallées, et partant, leurs affluents, composent et complètent le véritable maillage spatial des Alpes qui rend possible une continuité de circulation. Mais la topographie particulière des Alpes, avec un étirement Est-Ouest et un écoulement des eaux principalement Nord-Sud (le haut Rhône et l'Inn étant des exceptions), veut que les seuls axes susceptibles de dépasser l'utilité locale soient tous perpendiculaires à la chaîne et aident à la franchir dans le sens Nord-Sud.

La présence et la circulation d'une eau vive, ses multiples réseaux d'écoulement, ainsi que l'épaisseur modeste du massif, permettent aux hommes de s'installer et de circuler assez facilement, rendant possible une éventuelle unité. D'ailleurs, les Alpes, facteur d'unité physique, peuvent être également un facteur d'unité humaine, comme l'attestent les spécificités et même l'unité politique réalisée un temps.

L'expansion romaine, jusqu'au IIe siècle av. J.-C., butait en effet sur la barrière des Alpes. Pour sécuriser les frontières nord de l'État romain, les Alpes deviennent un espace à prendre en compte. Les Romains comprennent le rôle de ces montagnes comme mur de protection, même si elles ne représentent pas directement une menace militaire. Dans l'objectif visant à ce que Rome domine, pour des raisons stratégiques, ses régions transalpines, les Alpes deviennent inévitablement un passage obligé. Le raisonnement purement militaire et géostratégique de César, puis d'Auguste, conduit alors à contrôler directement les Alpes, comme en témoigne le Trophée de La Turbie (Alpes-Maritimes), symbole de l'instauration d'une *pax romana alpina*.

Rome donne aux Alpes une organisation politique autonome : elles ne sont rattachées ni à l'Italie, ni à la Gaule, ni à la Germanie. Les régions instituées, qui devinrent plus tard des provinces dirigées par des procurateurs, sont situées à cheval sur la crête alpine et contrôlent ainsi les voies de communication.

Pour la première fois de l'histoire des Alpes (et d'ailleurs, jusqu'à aujourd'hui, pour la dernière fois, si on exclut la domination de Charlemagne), Rome a réussi à unifier l'espace alpin politiquement et administrativement.

L'emprise militaire de Rome sur les Alpes ne fut jamais totale, mais il y eut romanisation partielle des peuples indigènes. Le dispositif de pénétration culturelle de l'espace alpin se réalisa le long des voies principales de communication, jalonnées de castelli, de points de contrôle et quelquefois de petites villes peuplées par des vétérans, comme dans le Valais et dans la Norique. Mais la diversité d'avant la conquête romaine a continué d'être la règle sous la domination de la Ville éternelle ; il n'y a pas eu, à proprement parler, d'unité politique alpine, mais une communauté dans les formes de vie est vraiment née.

Depuis cette diversité demeure. Par exemple, à la Renaissance, les Alpes sont un passage stratégique et un enjeu économique que les États, qui se construisent alors, se disputent. Ainsi, les confédérations du sud des Alpes (la République des Escarton par exemple), ou encore quelques vallées lombardes et tyroliennes, ne peuvent garder leurs libertés. Elles sont incorporées de force à des puissances qui les convoitent, non pour leurs ressources économiques ou humaines, mais pour des raisons géopolitiques.

Seule la Confédération helvétique, assemblage originel de cantons alpins et campagnards, parvient à préserver son indépendance.

Ainsi les vicissitudes de l'histoire ne laissent guère de place à une entité alpine. Hormis la *pax romana alpina*, l'Arc alpin se trouve fractionné à certaines périodes, convoité à d'autres, ou même délaissé par les puissances extérieures.

*
* *

De l'extérieur, les Alpes sont perçues comme une barrière et, le cas échéant, comme une frontière politique. Le contrôle de ces territoires montagneux n'est pas recherché pour lui-même, mais pour le libre accès aux passages qu'il permet, pour se garantir contre l'emprise d'une puissance ennemie. En termes politiques, il est évidemment impossible de le considérer aujourd'hui comme une entité unique. Ainsi les territoires de l'Arc alpin ne font pas tous parties de l'Union européenne. Quant à ceux qui en font partie, pour être entendus à Bruxelles, ils devraient composer un groupe de pression puissant, à défaut de pouvoir, chacun isolément, agir avec assez d'efficience.

Mais les tentatives dans ce sens apparaissent fort limitées ; Bruxelles privilégie donc le rôle de passage obligé de l'Arc alpin. Les médias des deux grands pays alpins, France et Italie, s'intéressent essentiellement aux Alpes comme espace de transport. Depuis 1999, les Alpes sont très présentes dans les médias en raison de la catastrophe du tunnel du Mont-Blanc de mars 1999 qui a fait trente morts. En septembre 1999, le sujet majeur du 19e sommet franco-italien de Nîmes concerne la politique de transport à travers les Alpes.

Au regard de la géographie politique, la faiblesse de l'Arc alpin comme entité politique provient de son éclatement en différents pays, en différentes langues, en différents systèmes sociaux. En dehors de quelques entités plus substantielles, les territoires de ce massif sont le plus souvent dépendants de lieux de décision extérieurs. La géographie politique de l'Arc alpin pose donc la question de la subsidiarité, à laquelle la plus vieille démocratie alpine, la Confédération helvétique, semble tout particulièrement attachée, par exemple en maintenant l'importance du système des votations.

Éléments bibliographiques

CLAVAL P., *Géopolitique et géostratégie*, Paris, Nathan, 1994.
DUMONT G.-Fr. *et alii*, *L'Arc alpin*, Paris, Economica, 1998.

Villes de montagne, ville et montagne : l'exemple de l'Arc alpin

Michelle MASSON-VINCENT

Montagne et ville sont deux termes qui semblent antinomiques : alors que la ville symbolise l'artifice, les échanges, la création, la montagne en revanche évoque la nature, la détente, la liberté. On peut cependant penser le couple ville/montagne, en cherchant à définir, comme le sujet le propose, deux objets distincts : « villes DE montagne » d'une part, et « ville ET montagne » d'autre part. Le premier, pose le problème de la spécificité des villes situées en montagne ; le second s'intéresse aux rapports existants entre la montagne et la ville, la montagne comprise comme espace rural particulier développant des activités en dépendance des villes extra-montagnardes, et pose donc un problème économique et sociétal concernant, dans ce dernier cas, des pratiques liées à un espace singulier « la montagne », entraînant des conséquences spatiales.

Après avoir présenté les villes de l'Arc alpin, nous chercherons dans un premier temps à vérifier à travers leur exemple, si l'on peut parler de leur spécificité, puis dans un second temps, comment s'établissent les rapports entre ville et montagne.

I. Villes DE montagne dans l'Arc alpin : quelle spécificité ?

A. Le fait urbain dans l'Arc alpin

Raoul Blanchard disait que « la montagne n'est pas favorable à la ville ». Et pourtant, sur les 11 millions de personnes qui vivent dans l'Arc alpin aujourd'hui, 59 % vivent dans des zones urbanisées, sur 26 % de la surface. 66 % des emplois y sont concentrés. Néanmoins, plus de 90 % de ces villes ont moins de 50 000 habitants, ne dépassant pas très souvent 10 000, et rarement 20 000 habitants. Dans l'ensemble, on a donc affaire à des villes modestes, petites ou moyennes, et ce même si on prend en compte leur couronne urbaine. En fait, une seule, l'agglomération grenobloise, atteint le seuil européen de définition d'une agglomération qui est de 500 000 habitants. Un peu moins d'une dizaine de grandes villes dépasse 100 000 habitants : Nice, pour autant que l'on puisse la qualifier d'alpine, Grenoble, Lucerne, Innsbruck, Salzbourg, Maribor, Ljubljana, Bolzano et Lugano. Ce fait urbain en extension a fait dire à P. Guichonnet (1980) qu'« au cours des trois décennies de l'après-guerre, le bouleversement le plus spectaculaire de la géographie des Alpes est le développement des villes ».

La répartition de ces villes dans l'Arc alpin est périphérique surtout pour les plus grandes, à l'exception de deux d'entre elles, Grenoble et Innsbruck, avec toutefois un semis de villes petites et moyennes à l'intérieur du massif alpin, concentrées plus particulièrement dans le fond des vallées ou au bas des versants entre 500 et 1 000 mètres d'altitude, suivant en cela les voies de circulation ; quelques unes toutefois se situent en altitude, 1 400-1 800 mètres : ce sont les stations de sports d'hiver, directement en liaison avec les champs de neige pour lesquelles on a forgé la notion de petites grandes-villes. Elles complètent ainsi la typologie classique de G. Veyret-Verner (1970) des villes linéaires de fond de vallées, des villes de contact plaine-montagne et des villes situées aux points forts tels les portes d'entrée des Alpes ou les carrefours intérieurs.

Ces villes, bourgs ruraux, centres de commerce ou villes industrielles, ont été des relais tout au long de l'histoire avec les villes sub- ou périalpines, et constituent des réceptacles d'idées et de personnes venant de l'extérieur, ce qui fait que toutes les révolutions économiques en liaison avec les grands mouvements d'idées y ont laissé des traces et, qu'aujourd'hui encore, elles sont ouvertes à toutes les activités possibles et imaginables, grâce auxquelles elles peuvent encore évoluer. Elles sont dotées notamment de niveaux de centralité administrative et/ou juridique souvent, commerciale toujours, d'activités diverses notamment de mise à disposition de biens et services, en accueillant même des activités de pointe, tertiaires voire quaternaires (ex. Grenoble). Mais y a t-il une spécificité de l'ensemble de ces villes qui permettrait de les qualifier de villes alpines ? Qu'entendre d'ailleurs par « alpine » ? Est-ce une ville localisée dans le massif des Alpes ? ou dont la position et les fonctions ont un rapport avec les Alpes ? Est-ce une ville, produit d'une culture alpine ? Déjà G. Dematteis (1971) notait que la « Città alpine » en tant qu'expression de cette dernière définition, était du passé. En effet, la phase d'industrialisation de la fin du XIXe-début XXe siècle, avait restructuré le réseau urbain en fonction d'intérêts extérieurs aux Alpes, entraînant une urbanisation qui n'avait déjà plus de caractère proprement alpin. Mais aujourd'hui, avec les évolutions que les Alpes ont connues depuis les années soixante, notamment avec une généralisation du tourisme, créateur de formes urbaines spécifiques, n'y aurait-il pas un retour vers des villes et réseaux de villes avec des caractères que l'on pourrait qualifier d'alpins ?

B. Une spécificité relative des villes DE montagne dans les Alpes

Il est possible de considérer qu'une certaine spécificité des villes des Alpes existe, si l'on privilégie l'échelle grande et moyenne : ainsi l'influence du relief a des conséquences sur l'accessibilité de la ville donc sa situation : la position particulière de la ville alpine dans sa région, en tant que centre d'approvisionnement d'un espace économique hétérogène fondé sur une structure linéaire aux nombreuses vallées latérales a pour conséquence un allongement des distances, ce qui conduit à la demande de satisfaction de besoins en réseaux de communication efficaces ; mais le fait que les densités soient plus faibles qu'ailleurs (moindre croissance démographique, limitation des marchés et de la demande en services spécialisés), renchérit le coût de ces infrastructures, souvent onéreuses, pour désenclaver un espace vaste, utilisées relativement faiblement, ce qui entraîne des difficultés d'amortissement. D'autre part, l'exposition aux risques naturels a des conséquences sur le site ; quant à la limitation par le relief des surfaces disponibles, elle entraîne une concurrence sur l'espace et donc a des effets sur le développement des activités.

Ainsi, le rôle des villes des Alpes dépend davantage de leur situation de petites et moyennes villes européennes, toutefois modifié quelque peu par des facteurs alpins spécifiques, tels le relief, l'accessibilité et la faible densité.

C. Cette analyse est confirmée à petite échelle, nationale ou européenne dans le contexte de l'Arc alpin, et sur le plan d'études quantitatives et non plus qualitatives.

Les travaux des démographes, par exemple, ont montré que les processus fonctionnels sont analogues dans les villes de montagne de l'Arc alpin à ceux des villes des espaces extra-alpins, qu'il s'agisse des types de croissance, des modes de vie, de la culture ou des stratégies de développement économique. Ainsi, la périurbanisation dans les Alpes montre les mêmes tendances que celle des villes de plaine : les centres stagnent alors que les communes de la périphérie croissent, la croissance des villes des Alpes étant, comme ailleurs, celle des communes des couronnes urbaines. La seule différence notable est dans le décalage dans le temps des phénomènes : tertiarisation, suburbanisation et périurbanisation. Comme ailleurs encore, la croissance des villes des Alpes est due aux migrations externes, renforcée par l'attractivité touristique, mais cela est une particularité de toutes les villes à activité touristique importante, et pas seulement des villes de montagne ; comme ailleurs également, le déclin concerne les zones urbaines des anciennes régions industrielles en difficulté avec un peu plus de problèmes de reconversion qu'ailleurs.

D'autre part, si l'on considère l'échelle nationale, la position de la ville alpine dans le réseau national dépend de la structure de l'état et non du fait que la ville soit une ville de montagne : dans les états centralisés la position des villes de montagne est considérée comme périphérique (France, Italie), alors que dans les états fédéraux le système alpin des petites villes est fortement intégré à la structure étatique (Autriche et Allemagne). Quant à l'échelle européenne, l'existence d'un espace économique central et de croissance accélérée entre Londres et Milan englobe de vastes pans de l'Arc alpin. Cette position charnière entre le « Centre Nord » (Londres-Munich) et le « Centre Sud » (Milan) est implicitement présente dans la conception du réseau urbain européen : les grandes villes sont en périphérie, les villes internes aux Alpes étant des relais vers ces métropoles. C'est ainsi qu'à ce niveau, le développement des villes de montagne se fait en fonction de facteurs exogènes à l'Arc alpin.

Ainsi, est-il possible d'affirmer que, si spécificité de la ville alpine il y a, c'est une spécificité relative pour des éléments à grande voire à moyenne échelle. Mais dès que l'on passe à la petite échelle, dès que l'on se rapproche du temps présent, dès que l'on s'intéresse aux processus par rapport aux faits ponctuels, toute spécificité disparaît : villes et réseaux des villes de montagne à l'instar de celle de l'Arc alpin évolue comme leurs homologues des régions extra-alpines.

II. Les rapports ville ET montagne : l'exemple des Alpes dans un ensemble européen dominé par les villes

L'étude du couple « ville ET montagne » suppose une première question : y a-t-il un rapport entre les deux phénomènes ?

A. Les rapports ville ET montagne aujourd'hui dans les Alpes

Nous avons pu montrer qu'il existait des villes DE montagne et que ni celles-ci, ni les réseaux dont elles font partie présentent une spécificité, sauf dans le contexte étroit de la grande échelle.

Donc, la question nécessite une précision : quels sont les rapports entre la montagne et les villes extérieures aux montagnes ? La Convention Alpine (1991) propose une première réponse : la montagne aujourd'hui serait une réserve d'air pur et de loisirs pour citadins ; l'Arc alpin, en tant qu'espace européen, serait un bien commun aux Européens, d'une richesse patrimoniale exceptionnelle, qu'il faudrait protéger, et ce, au bénéfice de tous les Européens, des excès de développement réalisés. Cette réponse est la vision écologiste, urbaine des Alpes, forgée et imposée par la ville européenne à la montagne européenne.

Or, c'est faire fi de ce qu'est la montagne aujourd'hui : c'est un espace complexe, global, plus ou moins intégré à l'économie européenne suivant les endroits, mais habité par des populations qui désirent le même niveau de vie et de culture que les autres européens. De plus la montagne est aujourd'hui attractive, et peut être considérée comme facteur de production au même titre que les autres, notamment dans deux domaines : celui du tourisme, ce qui peut sembler un truisme, mais aussi celui de l'industrie et du tertiaire de pointe, en synergie très souvent avec l'Université donc la recherche, secteur quaternaire, dans les villes qui disposent d'un enseignement supérieur (Grenoble, Innsbruck...).

1. De l'Or Blanc à la Convention alpine

Les Alpes aujourd'hui peuvent être considérées comme le plus vaste terrain de jeu de l'Europe. Cependant, le tourisme développé n'est pas identique sur tout le territoire alpin. La montagne qui s'était dépeuplée en France, en Italie et dans toutes les Alpes Occidentales et méridionales s'est ouverte, surtout après 1960, à la pratique du ski. Les conséquences spatiales sont de plusieurs ordres : la création de stations de ski en haute montagne, qui relayent en altitude, les stations-villages de vallées développées quelques décennies plus tôt, et la création de stations dans la partie méridionale des Alpes, aux conditions moins idéales que dans leur localisation originelle. Grâce au tourisme encore, la montagne des Alpes Centrales et Orientales, en Autriche, en Suisse, en Allemagne, renforce le dynamisme de son espace rural, resté peuplé du fait de la résistance de l'agriculture de montagne, bien soutenue par les instances politiques de ces états, par le développement d'un tourisme déjà bien implanté.

Dès les années 1980 cependant, sous l'influence des germanophones, fut élaborée en 1991 la Convention Alpine qui, sous l'égide des instances de l'Union européenne, prétendait protéger les Alpes, bien commun de tous les européens, en arrêtant tout développement à venir, l'espace visé étant davantage les Alpes méridionales et occidentales moins développées que les Alpes centrales et orientales. Devant la réaction des populations alpines concernées, condamnées à devenir les « indiens de la réserve » les élus locaux ont fait évoluer le texte de façon à garantir le droit au développement de ces mêmes populations. Le développement durable permettrait de l'exercer en portant attention au respect du patrimoine à la fois naturel et culturel des Alpes, ce respect devenant un atout pour le développement lui-même, à condition qu'il ne soit pas stérilisateur. Autrement dit, il s'agit de la part des alpins, essentiellement les latins, de retourner le discours des nantis, les urbains qui constituent la partie la plus riche du centre de l'Europe et les alpins des Alpes centrales et orientales, les plus développées, en obtenant des subsides pour garantir un niveau de développement de ces régions de montagne défavorisées.

Ainsi, l'intégration des Alpes dans la société de loisirs a conduit à un processus de différenciation spatiale spécifique, dans lequel les villes de montagne, au départ bourgs ruraux avec des services de base, se retrouvent face à des préoccupations toutes nouvelles et doivent répondre à des niveaux de services supérieurs, doublés en cela par les stations de ski qui peuvent devenir à leur tour de petites villes. Ainsi, les Alpes forment actuellement le territoire touristique le plus important d'Europe, dans lequel toute une série de facteurs économiques (offre d'emploi, prix du foncier...) sont directement tributaires de la demande touristique. En revanche, elles sont considérées comme poumon de l'Europe urbaine, qui s'arroge un droit de regard sur leur développement en échange d'aides.

2. Une synergie Université/Recherche/Industrie et Tertiaire de pointe

Si le territoire que forment les Alpes a des facteurs économiques directement issus de la demande touristique, certains le sont aussi de façon indirecte : l'Arc alpin, en effet, constitue aujourd'hui l'une des régions européennes les plus attractives au regard des paysages. Cette attractivité peut être considérée comme un facteur de production comme un autre et entrer en ligne de compte dans l'installation de nouvelles activités productives. Parmi celles-ci, il faut noter la place que tiennent désormais les activités nées d'une synergie entre l'Université, sa recherche et l'industrie ou le tertiaire de pointe : l'exemple type en est donné par Grenoble ou Nice avec Sophia-Antipolis : dans ces conditions, l'attractivité des Alpes du Sud a des potentiels supérieurs à ceux des Alpes situées plus au nord en alliant proximité de la montagne et de ses champs de neige, à celle du soleil et la mer, ainsi qu'à l'aire culturelle latine et son patrimoine exceptionnel. Pour donner un exemple concret de cette synergie, on sait qu'à égalité de conditions avec d'autres sites pressentis (présence d'une Université et de grandes écoles d'ingénieurs, activités culturelles, conditions matérielles d'installation...), le critère décisif pour l'installation de Hewlett Packard à Grenoble a été l'attrait que la montagne pouvait exercer sur les cadres à recruter (ski de piste, de fond, randonnée, escalade...). Cette exception confirme la règle, suivant laquelle les pôles d'innovation se concentrent de plus en plus dans les agglomérations métropolitaines ; aussi une inversion de tendance qui emprunterait une voie originale, favorisant l'implantation de telles activités dans des villes petites ou moyennes, est de moins en moins vraisemblable. Cependant, si des processus démographiques et économiques concordants laissent à penser que l'évolution des Alpes ne peut être indépendante de celle de l'Europe, et qu'il n'y a pas de spécificités, il est possible d'envisager que le système des villes européennes ne se constituera pas seulement d'un petit nombre de grandes villes, mais aussi de petites et moyennes villes pour lesquelles un consensus politique permettrait de maintenir des structures et des fonctions diversifiées de façon à préserver leur capacité d'innovation à long terme. Il s'agirait de généraliser une poursuite de l'uniformisation des régions européennes en s'appuyant sur le concept de subsidiarité spatiale et dans le même temps de remettre en question cette uniformisation quand la qualité de vie et les marges de manœuvres futures sont compromises (argument pour la préservation de la diversité).

B. Les Alpes, une montagne dominée par la ville extra-alpine ou capable d'un développement autonome ?

1. Des relations équilibrées entre montagne et villes de plaine jusqu'au milieu du XIXe siècle

La montagne a toujours été considérée comme source de vie, alimentant la plaine et ses villes de ses bienfaits : l'eau, diverses ressources minières (fer, plomb, argent, or, sel...), le bois, différentes productions agricoles (viande, lait, fromage...). Parmi les ressources, les hommes descendant des montagnes de façon saisonnière autrefois, apportant une main d'œuvre d'appoint en hiver (colporteurs de l'Oisans, ramoneurs savoyards, ouvriers des fabriques...), ou de façon définitive, surtout en France et en Italie, dès le milieu du XIXe siècle, l'Autriche et la Suisse gardant davantage leur population.

Durant cette période, les bourgs ruraux ou les petites villes d'échanges existaient dans les montagnes comme en avant des pays montagnards, renvoyant à la concentration des fonctions sociales des sociétés agraires d'autrefois, et gérant plus précisément les flux des hommes et des richesses entre montagnes et villes de plaine.

2. Avec l'industrialisation, le capitalisme dominant intègre la montagne dans le système et les villes et régions extérieures dominent les Alpes

La fin du XIXe siècle et le début du XXe siècle ont vu une croissance des villes intra-alpines parallèlement à une industrialisation des montagnes grâce à des capitaux extérieurs aux montagnes : cette industrialisation est fondée sur l'hydroélectricité qui sert à transformer des métaux non ferreux (Oisans et Maurienne dans les Alpes françaises avec l'aluminium), ou ferreux (Aoste, Autriche), ou à fabriquer des produits chimiques, toutes productions exportées hors des montagnes. En effet, il est à cette époque moins cher d'utiliser sur place l'électricité (France) ou le fer (Autriche), ou nécessaire d'utiliser la seule source d'énergie possible (Italie), ce qui a produit un nouveau dynamisme industriel entraînant une immigration de main d'œuvre : les hommes de la plaine ou d'ailleurs viennent s'installer dans les montagnes, renversant le courant habituel des migrations. Les centres de décisions sont extérieurs à la montagne qui est sous influence. Avec la crise économique des années 1970, les problèmes qui frappent ces industries transforment de nombreuses usines en friches industrielles et les villes sont sinistrées, car elles avaient perdu pendant la phase d'industrialisation la diversité de leurs activités et la densité de l'occupation de l'espace, et ont du mal à opérer des réorientations pourtant nécessaires.

3. De l'Or Blanc des promoteurs des stations de ski prométhéennes, aux Alpes, « bien commun des européens » pour le bénéfice des citadins

À partir des années soixante, la montagne fut considérée comme réserve d'air pur, espace de loisirs (ski, randonnée, escalade) par la société urbaine qui entrait dans la société de consommation : aussi la montagne peut-elle être définie dans ce contexte, comme espace d'accueil des urbains non montagnards : pour parodier G. Veyret-Verner, « à la Mort Blanche succédait l'Or Blanc » et de constater que, comme pendant la phase précédente, on assiste à un mouvement inverse du mouvement traditionnel, les hommes remontent dans les Alpes... La montagne continue d'être dominée par les citadins amateurs de loisirs, leur demande conditionnant l'offre, et par les promoteurs immobiliers mettant à disposition des clients les installations nécessaires. Cependant, il existe une différence entre les Alpes germanophones et les Alpes latines : dans le premier cas le développement, plus ancien, a davantage intégré les populations locales, leur permettant de rester dans les montagnes en adjoignant aux revenus de l'agriculture ceux d'une partie du tourisme, sauvegardant ainsi les densités rurales et les petites villes du système urbain montagnard de la Suisse allemande, de l'Autriche et des Alpes bavaroises. Pour les Alpes latines le développement est davantage exogène, les habitants n'en récoltant que les miettes ; la Convention alpine met en évidence cette dépendance vis-à-vis des citadins en proposant un texte favorisant la protection au détriment du développement, déclenchant une réaction forte des montagnards voulant rester maîtres de leur destin.

4. Les Alpes, sont-elles capables d'un développement autonome ?

Dans les deux dernières phases, le dynamisme des Alpes semble le résultat d'actions dont l'origine est extérieure aux montagnes : industriels, promoteurs, citadins... qui se présentent comme davantage capables que le résident local de penser et réaliser le développement de celles-ci.

On a vu que les Alpes ne pouvaient avoir un développement indépendant du reste de l'ensemble européen.

En effet, les petites et moyennes villes situées sur les franges du massif alpin évoluent suivant un processus de métropolisation, en intégrant progressivement les bassins d'emploi des métropoles européennes et ce, suivant une évolution non spécifique aux villes alpines : c'est le cas par exemple de Lugano par rapport à Milan, ou de Kempten ou des autres villes bavaroises par rapport à Munich. De même, on assiste au déclin de certaines villes de montagne, par perte d'emplois puis de population, soit parce qu'étant dotées de secteurs industriels anciens, soit par localisation préférentielle des secteurs de pointe dans les métropoles européennes : c'est le cas par exemple pour Domodossola au Piémont qui décline après la perte de sa chimie et de sa sidérurgie.

Cependant, suivant les travaux de D. Pumain (1999), il est possible de penser que certaines petites villes des Alpes peuvent passer d'une phase de déclin à une phase de restructuration et de réadaptation par création de fonctions nouvelles, aboutissant d'abord à une stabilisation, puis à une certaine autonomie, ce qui ouvre vers une stratégie d'aménagement du territoire alpin. Ainsi, la préservation d'un grand nombre de petites et moyennes villes ayant leur propre bassin d'emploi, passe par le maintien d'infrastructures urbaines dans les villes en déclin pour garder les potentialités pour l'avenir en empêchant le départ d'acteurs locaux pour un nouveau redémarrage. Cependant il est à noter que cette stratégie n'est pas particulière aux villes de montagne, mais à toutes les petites et moyennes villes des zones défavorisées pour lesquelles le déclin de population entraîne invariablement un redéploiement des services publics, amorçant une spirale descendante. Cette façon d'agir permet de l'enrayer, puis de relancer la dynamique en profitant d'opportunités, visant à renforcer à la fois la position rurale et la position urbaine en favorisant une plus grande attractivité pour l'habitat et le travail.

L'étude des « villes DE montagne » et celle de la « ville ET montagne » ne sont pas indépendantes l'une de l'autre. Qu'il n'y ait pas de spécificité des villes de montagne rejoint le fait que la montagne, notamment celle de l'Arc alpin, est une annexe de la ville : l'espace montagnard, à l'instar des espaces périphériques, subit une attraction et une domination de l'extérieur. En dehors de quelques villes, les villes des Alpes étant des villes petites et moyennes, les effets du processus de métropolisation, favorable aux grandes et très grandes villes, a tendance à faire perdre aux montagnes leur potentialités et notamment leur capacité d'innovation. Seule une politique volontariste favorable au maintien des fonctions urbaines peut laisser ses chances à l'espace montagnard pour une intégration spatiale à l'espace européen, en garantissant à ses villes les décisions qui s'imposent : aucun redéploiement des services existants, quelle que soit les évolutions démographiques. Ainsi, un développement maîtrisé par la population alpine et au bénéfice de tous, population résidente et citadins de toute l'Europe, peut être réalisé.

Références bibliographiques

Revue de Géographie Alpine

n° 1 – 1999, « Les Enjeux de l'appartenance alpine dans la dynamique des villes », 210 pages.

n° 2 – 1999, « L'Avenir des villes des Alpes en Europe », 231 pages avec bibliographie « Villes des Alpes ».

n° 1 – 2001, « Dynamiques spatiales des populations montagnardes et recensements ».

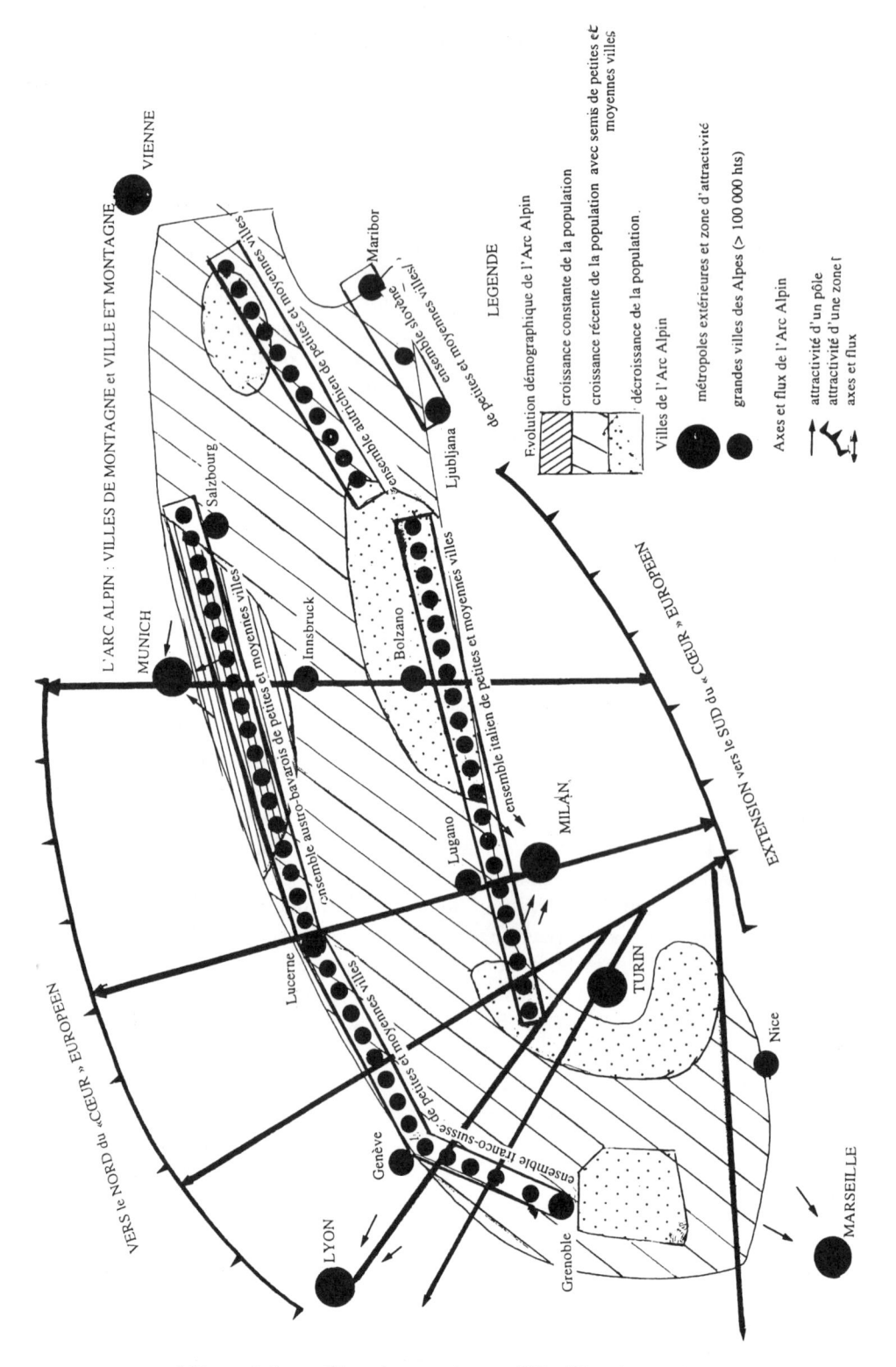

L'Arc alpin : villes de montagne ET ville et montagne

Montagnes et politique environnementale en Europe : enjeux et conflits

Michelle MASSON-VINCENT

La montagne en Europe est à la fois un espace qui couvre une partie importante du territoire et un espace rare par sa qualité et sa spécificité. Ses caractéristiques en font parfois un espace attractif, parfois un espace répulsif, et dans tous les cas suscitent des enjeux contradictoires entre partisans du développement territorial et partisans de la préservation.

Quels sont ces enjeux spatiaux et sociétaux pour la montagne européenne ? Quelles sont les réponses proposées par l'Union européenne, sachant que les directions choisies seront tôt ou tard celles du reste de l'Europe avec l'élargissement prévu ?

Après avoir mis en évidence les enjeux concernant essentiellement l'aménagement territorial, nous essaierons de voir comment l'Union européenne se positionne dans ce débat et quelles sont les directions actuelles prises pour faire en sorte que l'espace montagnard, par mise en œuvre du principe affirmé de subsidiarité, devienne un espace dans lequel les habitants aient le même niveau de vie que ceux des autres régions européennes.

I. Les montagnes européennes : quels enjeux ?

Parler des montagnes européennes, c'est faire référence à un vaste espace, le plus vaste ensemble étant, dans l'Union européenne, les Alpes qui s'étendent de la Méditerranée aux Carpates, auxquelles s'adjoignent les appendices des Apennins et des Balkans (hors Union européenne). Il faut leur ajouter les Pyrénées, les Vosges-Forêt Noire, le Massif central, le Jura ainsi que les montagnes des zones périphériques en Espagne, en Grèce, au Portugal soit au total 17 % du territoire communautaire. Hors Union européenne, en plus des Balkans et des Carpates, il faut noter encore les Alpes Scandinaves et le massif de Bohême.

A. Les montagnes européennes : des espaces périphériques parfois au cœur des centres

Toutes les analyses confirment en Europe une structure centre-périphérie. Les montagnes appartiennent le plus souvent à la périphérie déshéritée (Pyrénées, Massif central, ainsi que les montagnes des zones ibérique, ou grecque et de toute la zone hors Europe) ; les Alpes (Suisse incluse, Carpates exclues) apparaissent comme une zone intermédiaire entre centre et périphérie.

Ces zones intermédiaires sont caractérisées par des valeurs ajoutées par habitant supérieures de 80 % à la moyenne européenne, mais leur densités sont plus faibles, l'activité économique moindre. Le poids de l'agriculture y est en général fort, complété par celui de l'agro-alimentaire. L'industrie peut être bien représentée (métallurgie, mécanique, chimique…). En revanche les zones périphériques ont des indices faibles dans tous les domaines, exception faite pour les montagnes norvégiennes où le problème réside dans le vide démographique, et non dans le niveau de vie des habitants.

B. Les montagnes européennes forment donc un espace hétérogène

Aux montagnes dynamiques s'opposent des espaces montagnards en voie de désertification.

1. Les espaces dynamiques, en marche vers le futur, concernent uniquement les Alpes : les Alpes Centrales se différencient des Alpes occidentales

a. Les Alpes Centrales (Suisse, Autriche, Allemagne) forment des espaces peuplés, aux activités diversifiées, l'agriculture représentant avec la filière agro-alimentaire un poids élevé dans l'économie, grâce aux protections et aux prix élevés dont elle a bénéficié nationalement pendant très longtemps. Le tourisme est également une forte activité économique. Ce type de développement, associant activités traditionnelles et modernes, est l'exemple de ce que l'on appelle le modèle germanique de développement de la montagne alpine.

b. En revanche, le type alpin occidental est représenté surtout dans les Alpes françaises, le Val d'Aoste et la montagne ligure. L'agriculture y a été négligée au profit des autres activités dont le tourisme, très fortement implanté. Ce modèle latin de développement est réalisé dans des montagnes considérées comme espaces de loisirs du monde urbain, composées de stations en altitude et de vallées ou bassins plus ou moins dynamiques, suivant le type d'industries représentées : des friches industrielles ou un reliquat d'industries de la fin XIXe et début XXe aux industries de pointe.

2. À l'opposé, certaines montagnes appartiennent à des espaces en voie de désertification

Alpes du sud, Massif central voire Pyrénées, sont dans ce cas, mais aussi même s'il y a décalage dans le temps, les montagnes espagnoles, portugaises ou grecques, voire même celles situées en ex-Europe de l'Est étant la périphérie de la périphérie. Dans ces régions, les bases agricoles restent importantes, voire très importantes, comme en Grèce ou dans la péninsule ibérique ; mais l'agriculture y est encore imprégnée d'archaïsmes, comme aussi les activités commerciales. En revanche le tourisme, quand il existe, peut présenter des structures davantage modernes. En tout état de cause l'industrialisation est très faible. Dans ces régions de montagne de la périphérie pauvre, les habitants et leurs élus considèrent comme premier, le problème du développement, condition de survie, avant toute autre considération.

C. Les montagnes européennes : un espace fragile

De plus, les montagnes européennes, parce qu'elles sont des montagnes, sont des espaces fragiles, fragilité dont on prend de plus en plus conscience. Si la montagne a toujours connu des catastrophes (avalanches, chutes de rochers, coulées de boue, glissements de terrain, secousses sismiques, inondations, tempêtes etc.), elles sont de moins en moins supportées par la société, alors que la présence d'hommes de plus en plus nombreux dans des lieux de plus en plus hauts, à des saisons difficiles, renforce les expositions aux risques : en France, par exemple, la loi de 1987 oblige le planificateur à prendre en compte l'existence de risques naturels prévisibles et de risques technologiques.

1. Les risques naturels

La présence d'hommes les révèlent, mais peut être également un facteur déclenchant. La pratique du ski, par exemple, fait prendre en considération les avalanches dans des zones qui autrefois étaient vides. Les villageois s'efforçaient d'éviter leurs couloirs pour s'installer. Elles ont commencé à être étudiées par les forestiers, la forêt étant longtemps considérée comme le meilleur pare-avalanche possible, avant de l'être par ceux qui pratiquaient le ski lors de « la deuxième conquête des Alpes » (années 1920-30). Cependant, il faut attendre en France par exemple, la catastrophe de Val d'Isère (1970 ; 39 morts) pour créer les services d'études nécessaires, car on prend conscience du fait que la sécurité a une incidence sur le développement d'un secteur d'activité majeur en montagne, le tourisme. De plus, le ski, notamment hors-piste, peut favoriser le départ d'avalanches en plus grand nombre et parfois dans des lieux jusque là épargnés. Quant à l'abandon de l'utilisation des alpages l'été, conséquence de la déprise agricole, il a été rendu à juste titre responsable du nombre catastrophique d'avalanches au début des années 80, l'herbe non tondue servant de zone idéale de départ.

À l'instar des avalanches, on pourrait multiplier les exemples.

2. Les risques technologiques

La montagne n'est pas non plus exempte de risques industriels ou de risques liés au transport de matières dangereuses, mettant en danger des vies humaines, mais aussi l'environnement naturel ou patrimonial, suivant la définition de ce risque dans la directive européenne de Seveso. Paradoxalement, les montagnes peuvent attirer ce type d'activités à risques parce que justement ce sont des zones relativement désertes : certaines industries chimiques, comme par exemple les poudreries (ex. Saint Auban), les fabriques de gaz en tous genres et particulièrement les gaz de guerre, ont été localisées là plutôt qu'ailleurs ; les barrages hydroélectriques, surtout les barrages réservoirs, sont forcément créateurs de risques pour l'aval ; les autoroutes qui traversent les montagnes et avec elle les camions vecteurs de tous types de produits, sont également facteurs de risques. Autant d'exemples montrant l'existence de risques technologiques majeurs en montagne qui peuvent être amplifiés par l'importance des risques naturels plus grands qu'ailleurs.

Ainsi cette situation des montagnes européennes est génératrice de divers enjeux et conflits. Faut-il les protéger ? les aider à se développer ? Les pays germaniques et latins s'opposent, et ce d'autant plus que les premiers semblent chercher à imposer leur modèle aux seconds, voire à préserver leur avance économique en empêchant sous prétexte de protection le développement des montagnes en retard.

Un second enjeu concerne l'opposition de la conception du rôle de la montagne entre la vision des urbains, pour qui la montagne est une réserve de nature ou parc de loisirs, et celle des locaux, qui refusent d'une part d'être les « indiens » dans la réserve tout en souhaitant une égalité de niveau de vie avec les urbains. D'autre part, ces derniers veulent conserver la maîtrise de leur développement territorial face aux pouvoirs extérieurs qui ont toujours eu tendance à imposer un modèle auquel ils n'adhèrent pas forcément.

II. L'Union européenne et l'aménagement des espaces montagnards

Tous les états montagneux de l'Europe, ont mené des politiques « montagne », et ce en dépit de la diversité des contextes nationaux, des traditions, des pratiques et des situations locales. La structure des états n'est pas déterminante : la forte décentralisation des structures a fortement joué un rôle en Suisse, en Italie (lois de 1923, 1948, 1952, 1971) ou en Allemagne ; à l'inverse c'est par le biais de la politique d'aménagement du territoire, donc d'une politique centralisée, que la politique de la montagne a été mise en place en France (loi montagne en 1985). L'homogénéité du domaine montagnard permet de penser qu'avec une perception commune de la notion de montagne, un développement plus précoce d'une politique « montagne » peut être enclenchée : cependant, même si les montagnes de Bavière, de Suisse et d'Autriche appartiennent au seul domaine alpin, leur politique de la montagne n'est pas plus ancienne que celle de la France, ou de l'Italie marquées par l'hétérogénéité de leurs montagnes. Enfin on peut penser que l'importance de la part relative de la montagne dans le territoire national peut être un critère déterminant : si l'Autriche et la Suisse ont 60 à 70 % de leur territoire en montagne, contrairement à l'Allemagne qui n'en a que 3 %, tous ces états ont une politique de montagne précoce, ce qui n'est le cas ni en Grèce (60 % de montagnes), ni en Espagne (35 %).

Il apparaît donc que ce qui a été déterminant au niveau national pour la mise sur pied d'une politique de la montagne, fut le développement du tourisme d'une part, et la forte concurrence entre agriculture, tourisme et environnement sur l'usage des espaces d'autre part.

Pour l'Union européenne les zones de montagne, même confrontées à des conditions difficiles, peuvent devenir des atouts en certaines circonstances. Elle s'y intéresse, parce que ces montagnes recèlent des potentiels à mettre en valeur, base de leur développement, et donc chance de développement de tout le territoire européen grâce à une intégration spatiale harmonieuse. Ce défi montagnard découle du principe de subsidiarité : aider les régions qui ont des handicaps supérieurs aux autres, et qui, du coup, ne peuvent assurer l'égalité de niveau de vie de leurs habitants avec les autres régions. Depuis 1975, la réponse a été sectorielle et économique, non spécifique à la montagne, donc non spatialisée : donner des aides compensatoires à l'ensemble des zones défavorisées, donc à la montagne parmi d'autres, c'était lui permettre de survivre, et de ce fait, en ralentissant la désertification, maintenir l'entretien des paysages et la sauvegarde des milieux naturels. Cependant cette politique a essentiellement profité aux agricultures de plaine. Avec la réforme de la politique régionale européenne en 1988-89, la montagne n'est pas davantage prise en compte en tant que telle, mais tantôt est considérée comme une zone en retard de développement, tantôt comme une zone rurale présentant une fragilité particulière, et tantôt comme une zone avec des problèmes de reconversion industrielle ponctuelle. En fait la notion de handicap naturel fondé sur des critères géographiques glisse vers celle de handicaps socio-économiques et fin des années 80, on peut en conclure qu'il n'existe plus de politique européenne globale et intégrée de la montagne.

A. La Convention alpine : au départ, une protection stricte des Alpes

La Convention alpine (1991) est importante pour l'ensemble des montagnes européennes car elle a été le premier texte qui donne un statut à la montagne en tant que telle. Autour de ce texte, se sont retrouvés, outre les pays alpins de l'Union européenne, la Suisse et la Slovénie, soit 11 millions de personnes concernées sur 181 000 km^2. Elle a surtout été un texte révélateur des positions différentes chez les européens, quant à l'avenir de leurs montagnes. Cependant, elle pose de vraies questions, ne serait-ce qu'à propos des transports et du transit nord-sud à travers les Alpes, qu'à propos de celui de l'agriculture de montagne dans le contexte actuel de déprise rurale, et de politique d'aménagement d'un territoire spécifique, mais aussi à intégrer à l'espace européen dans le respect du principe de subsidiarité.

Or le texte présente, d'entrée de jeu, un caractère de stricte protection des Alpes sans référence à un quelconque développement.

Il est, sans conteste possible, d'origine germanique, et affirme la prise de position suivante : l'Arc alpin est un espace européen, donc commun, dont le patrimoine est menacé par les excès du développement touristique et des transports. Les initiateurs en sont des associations (telle la CIPRA ou Commission Internationale pour la protection des Alpes, émanation d'une ONG, l'Union Internationale pour la nature) et des fonctionnaires européens : il n'était pas prévu de consulter les élus ; cependant, c'était faire bon marché du fait que ce sont les parlements nationaux qui ont le dernier mot en terme de ratification. Il impose un modèle de montagnes riches à protéger pour les urbains et est donc peu adapté aux montagnes en voie de désertification et en difficulté du sud de l'Arc alpin. La démarche peut aussi donner le sentiment de masquer une volonté de protectionnisme visant à entraver le développement des Alpes occidentales et méridionales, moins équipées, et à imposer les normes et les méthodes des pays germaniques à l'ensemble des pays de l'Arc. On peut citer comme exemple révélateur de ce dernier point, le problème des installations d'enneigement artificiel autrement dit, celui des canons à neige. Pour certains pays comme la France, l'installation de canons à neige est considérée comme réglant le problème du manque d'enneigement en début ou fin de saison, surtout celui, chronique, des stations de moyenne montagne ou situées trop au sud. Les opposants, surtout germanophones mettent en cause l'implantation de canons en évoquant une position écologique : il s'agirait de limiter la concurrence sur la ressource « eau », et d'évaluer avant toute décision d'équipement l'impact d'un enneigement prolongé sur le milieu naturel. De plus, ils souhaiteraient que les canons ne permettent pas de créer des stations dans des zones aux conditions climatiques « inadaptées » au ski, autrement dit trop bas en altitude ou trop au sud en latitude. Position écologique ou position économique d'alpins nantis et malthusiens pour les autres ?

L'enjeu politique et économique est si lourd qu'il a entraîné la réaction des élus de montagne des pays où se posent des problèmes de développement, en s'appuyant au départ, sur des structures plus larges que celles de l'Union européenne. En effet, au-delà des Alpes, les résultats de cette Convention pourraient être appliqués aux autres massifs européens, dont les intérêts sont sensiblement les mêmes que ceux des pays des Alpes occidentales et méridionales, et qui vont bénéficier dans un avenir plus ou moins proche de l'élargissement. Cette réaction s'est exprimée à travers la rédaction des protocoles.

La Convention alpine est une construction complexe. Son texte est suffisamment vague et passe-partout pour que tous les états alpins se sentent concernés sans vraiment se sentir engagés. La rédaction des différents protocoles qui doivent préciser le texte sont rédigés par divers pays : si l'Allemagne a rédigé celui concernant la « protection de la nature et entretien des paysages », la France a réalisé celui sur l'« aménagement du territoire et développement durable » (1994), l'Italie s'intéresse à l'« agriculture de montagne » et la Suisse vient de faire ratifier celui sur les transports (2001).

B. La réaction des élus locaux des états alpins du sud et l'assouplissement du point de vue strictement protectionniste de la Convention alpine

C'est avec la mise en place du fonctionnement de la Convention alpine, et plus particulièrement la rédaction de ses protocoles qu'elle a évolué.

La France a pris, après l'Autriche, en 1992, la présidence de la Convention, et a obtenu la mise en place de trois protocoles d'application (agriculture, aménagement du territoire, protection de la nature). Avant de passer la main à la Slovénie, en 1994, elle a infléchi, conjointement avec la Suisse, confrontée à la réaction des Grisons notamment, l'orientation des travaux vers le « développement durable », et non plus vers le respect de la stricte protection des Alpes.

De nombreuses associations de montagnards, comme par exemple la Fédération européenne des populations de montagne (1991) ou l'Association Européenne des élus de montagne, sont nées pour défendre leur point de vue devant la non prise en compte de celui-ci par les instances européennes. Elles se sont insurgées notamment contre le déficit de négociation révélé par l'élaboration de la Convention alpine, et dans celle-ci, contre l'absence de référence à toute notion de développement. C'est ainsi qu'elles ont réactivé la Charte européenne des régions de Montagnes d'Europe, née à l'initiative du Conseil de l'Europe, ce qui veut dire qu'elle engage non seulement les pays de l'Union européenne, mais tous les pays européens ayant des montagnes. Dans celle-ci, il est affirmé un certain nombre de principes : il s'agit de « définir les principes généraux d'une politique d'aménagement, de développement et de protection des régions de montagne... [qui] constituent un patrimoine exceptionnel qu'il convient de valoriser et de préserver... [en] s'appuy[ant] en priorité sur les pouvoirs locaux et régionaux de l'Europe, plus proches des territoires, des habitants et de la problématique des régions de montagne. » Tous sont porteurs du thème du développement durable.

Mais c'est par la rédaction des protocoles de la Convention alpine qu'a évolué le point de vue de l'Union européenne, d'abord strictement protectionniste à celui du maintien d'un développement économique : ce n'est pas un hasard si la France a tenu à être chargée de celui de l'aménagement du territoire, la Suisse de celui des transports et l'Allemagne de la protection. Derrière ces choix, il y a deux conceptions du développement, que nous avons déjà évoquées. Telle quelle, la Convention alpine avec les protocoles, le dernier étant celui des transports, est ratifiée actuellement (2001) par les sept pays alpins soit l'Autriche, l'Allemagne, le Liechtenstein, Monaco, la Slovénie, la France, la Suisse et l'Union européenne.

C. Aménagement territorial des montagnes et conséquences spatiales

Un consensus s'est fait sur le concept de développement durable. Qu'est ce que le développement durable ?

Le développement durable (ou soutenable) a pour objectif de soumettre le développement aux limites et contraintes du capital naturel et patrimonial en l'incluant dans le calcul économique. Ainsi la durabilité d'un développement « requiert au minimum le maintien dans le temps d'un stock constant de capital naturel » (Pearce et Redclift, 1988). De manière complémentaire, une deuxième définition est centrée sur la capacité d'un système productif à maintenir sa productivité malgré les perturbations auxquelles il est exposé (Conway, cité par Tisdell, 1988). Enfin une troisième définition affirme que « le développement soutenable est celui qui répond aux besoins du présent sans compromettre la capacité des générations futures à répondre à leurs propres besoins. » Cette définition, d'ailleurs la plus connue parce qu'incluse dans le rapport Bruntland (1988), est celle choisie par la Commission par l'intermédiaire d'un outil, le Système d'Observation et d'Information des Alpes (SOIA) : « un développement qui doit permettre de répondre aux besoins de la génération actuelle sans compromettre ceux de générations futures. »

En fait ce concept a un enjeu programmatique et sert à obtenir des compromis entre deux points de vue différents, l'idée étant de réaliser un équilibre entre un taux de prélèvement de ressources et un rythme de croissance assurant le renouvellement de ces ressources. Or il existe des ressources non renouvelables et des destructions irréversibles : un paysage détruit, un patrimoine disparu, une réduction de la biodiversité...

Quel est le seuil acceptable par les populations actuelles des montagnes de tenir compte de cette nécessité de préservation en regard de ses besoins propres, de ceux de ses enfants ainsi que de ceux des non montagnards ? Il s'agit d'un problème sociétal et spatial, lié à deux conceptions du développement, à la fois géographiques et culturelles, non dénuées de protection d'intérêts économiques : d'un côté les états germaniques des Alpes Centrales, à densités et caractères démographiques satisfaisants, à l'économie de montagne florissante, défendent plutôt l'idée d'une montagne conservatoire, fondée sur le respect des cultures, position non dénuée d'arrière pensées économiques, la réalisation de la Convention alpine favorisant les positions économiques acquises, notamment en matière de tourisme ; de l'autre les pays latins, aux structures démographiques soit en fort déclin (région en voie de désertification : ex. Alpes du Sud), soit déséquilibrées (urbanisation des vallées/désertification des montagnes : ex. Grésivaudan ou montagnes dynamiques/vallées vides : ex. les Grisons), croient encore à une croissance équilibrée et maîtrisée, fondée sur le développement harmonieux de l'industrie et du tourisme, alors qu'une protection stricte entraînerait l'extension de la désertification et des déséquilibres existants. L'opposition Nord-Sud évoquée suscite un nouveau questionnement : l'application d'un modèle global de développement à l'ensemble des Alpes a-t-il un sens ?

Cette nouvelle interrogation est-elle la réponse au questionnement de départ ?

On a vu que les enjeux spatiaux et sociétaux pour la montagne européenne opposent la montagne aux autres régions européennes, aux centres dynamiques d'une part qui considèrent qu'annexe de la ville, elle doit être préservée pour les loisirs et le bien être des urbains d'aujourd'hui et de demain, d'autre part aux zones défavorisées qui considèrent que seuls les critères socio-économiques doivent être pris en compte, l'altitude facteur géographique n'étant pas un facteur plus aggravant que la latitude par exemple (régions irlandaises, écossaises ou scandinaves), contestant ainsi, la concurrence sur les aides à venir. De plus, nous avons constaté que les régions de montagne s'opposent entre elles par deux projets de société opposés : l'un, défendu par les germanophones, acceptant cette idée de devenir un conservatoire dans une nature préservée, l'autre au contraire plutôt latine, mais qui peut être étendu à l'ensemble des zones de montagnes des régions périphériques, tenant le pari du développement. Cette opposition entre deux projets, l'un centré sur la protection, l'autre sur le développement, permet effectivement de s'interroger sur la nécessité d'un modèle global de développement à appliquer à l'ensemble des Alpes. Les deux positions semblent pouvoir être réconciliées autour du concept de développement durable, qui prône un modèle de développement doux, permettant de tenir compte des possibilités de développement économique des régions de montagne et des populations concernées autant que de la protection des ressources. Cette évolution de la Convention alpine, fait des montagnes de l'Union européenne, autant de laboratoires où peuvent être expérimentées des solutions qui pourraient être utilisées par les autres montagnes d'Europe notamment celles de l'Est et du Nord, l'objectif étant de faire disparaître, autant que faire se peut, les disparités spatiales et sociales entre les divers points de l'espace européen.

Références bibliographiques

ANCEY Ch. et CHARLIER C., « Quelques réflexions autour de la classification des avalanches », in *Revue de Géographie Alpine*, n° 1-1996, p. 9-21.

BÄTZING W., « Die Bevölkerungsentwicklung 1870-1990 im Alpenraum auf Gemeinde-Ebene », résumé en français de G. PLASSMANN, in *Revue de Géographie Alpine*, « La Convention sur la protection des Alpes. À propos d'un système d'observation. », n° 2-1995, p. 123-131 ; cf. carte du développement démographique 1870-1990 dans les communes alpines.

BROGGIO C., « Les Enjeux d'une politique montagne pour l'Europe », in *Revue de Géographie Alpine*, « Montagnes d'Europe et Communauté Européenne », n° 4-1992, p. 27-39.

BROGGIO C., « Montagne et développement territorial : de l'autodéveloppement au développement durable. », in *L'Information Géographique*, n° 4-1997, p. 160-174.

HUET Ph., « Les Enjeux de la Convention alpine », in *Revue de Géographie Alpine*, « La Convention sur la protection des Alpes. À propos d'un système d'observation. », n° 2-1995, p. 15-18.

VANDERMOTTEN Ch. et MARISSAL P., « Une nouvelle typologie économique des régions européennes », in *L'Espace Géographique,* n° 4-2000, p. 289-300.

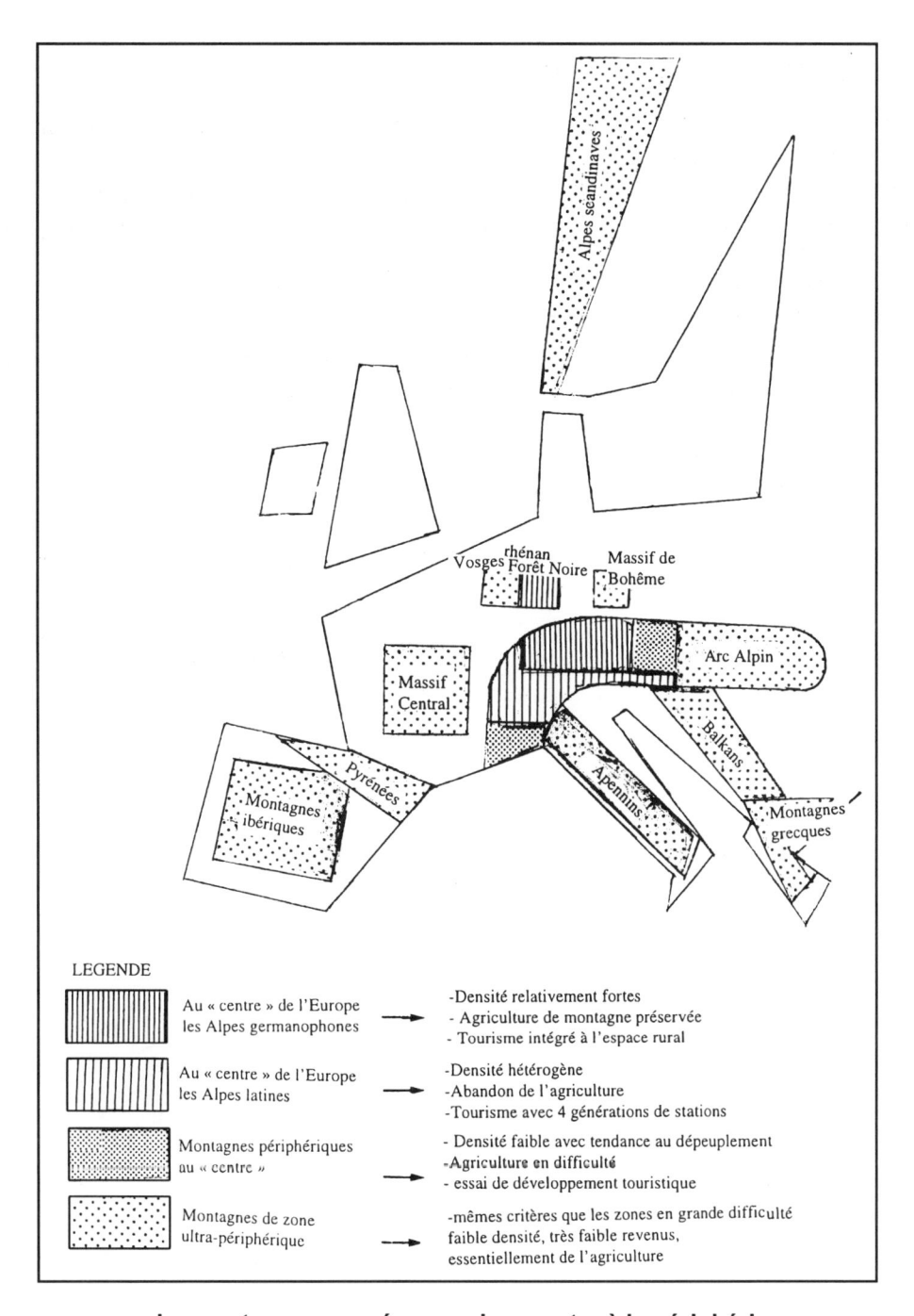

Montagnes et politique environnementale en Europe : enjeux et conflits

LEGENDE

Motif	Catégorie	Caractéristiques
(hachures verticales serrées)	Au « centre » de l'Europe les Alpes germanophones	-Densité relativement fortes - Agriculture de montagne préservée - Tourisme intégré à l'espace rural
(hachures verticales espacées)	Au « centre » de l'Europe les Alpes latines	-Densité hétérogène -Abandon de l'agriculture -Tourisme avec 4 générations de stations
(pointillés denses)	Montagnes périphériques au « centre »	- Densité faible avec tendance au dépeuplement -Agriculture en difficulté - essai de développement touristique
(pointillés épars)	Montagnes de zone ultra-périphérique	-mêmes critères que les zones en grande difficulté faible densité, très faible revenus, essentiellement de l'agriculture

La montagne européenne : du « centre à la périphérie »

Les populations des pays de l'Amérique andine à l'orée du XXIe siècle : un effet montagne ?

Gérard-François DUMONT

Conseils méthodologiques

Analyser les termes du sujet : le mot population se rapporte aux collectivités humaines, dans leur peuplement et dans leurs évolutions démographiques. Le terme « pays » renvoie ici à la géographie des États car la connaissance statistique est disponible dans les contextes nationaux. L'Amérique andine est un concept géographique se rapportant à une région montagneuse à définir dès l'introduction pour délimiter le sujet.

Le champ temporel : il s'agit de l'orée du XXIe siècle. Le choix de cette période historique correspond à la situation actuelle. Mais, compte tenu des logiques de longue durée de la science de la population, il est impératif de se situer dans un contexte plus long.

*
* *

À l'orée du XXIe siècle, les populations du monde sont très différenciées dans leur peuplement et leurs évolutions. Tandis que s'opposent des agglomérations urbaines très denses à des territoires dont la densité diminue, le nombre de pays ayant terminé leur transition démographique augmente et les autres parcourent à une vitesse plus ou moins grande ce passage entre des hautes et des basses mortalités et natalités. Des populations vivant dans des montagnes ont-elles des caractéristiques démographiques propres ? Cette question mérite d'être examinée en considérant les pays de l'Amérique andine, région géographique correspondant à quatre pays, la Bolivie, la Colombie, l'Équateur et le Pérou. Certes, le Venezuela fait partie de la Communauté andine, créée en 1969 par l'accord de Carthagène sous le nom de Pacte andin et relancée en 1996 sous cette nouvelle dénomination. Mais la géographie de ce pays ne s'inscrit dans la cordillère des Andes que dans l'une ses quatre régions.

L'unité topographique des quatre pays précités a-t-elle des effets sur leurs populations ? Au regard des dynamiques en cours, il ne semble guère. Néanmoins, les spécificités de leur peuplement ne peuvent se comprendre sans considérer leur caractère montagneux.

I. Des pays montagneux en transition avancée

La transition démographique des quatre pays de l'Amérique andine a commencé avec la diffusion des méthodes sanitaires des pays du Nord, mais la lutte contre la mortalité reste à parfaire car les insuffisances dans l'hygiène et le développement pèsent lourds. Néanmoins, la baisse de la mortalité a rajeuni la population, augmenté le peuplement, tandis que la diminution de la fécondité a fini par entraîner une décélération de l'accroissement naturel.

A. La baisse de la mortalité

Conformément au schéma de la transition démographique, les taux de mortalité ont considérablement baissé en Amérique andine, puisqu'ils sont estimés à 6 décès pour mille habitants en l'an 2000, sauf pour la Bolivie qui est à 8 pour mille. Les améliorations sanitaires ont permis de faire baisser la mortalité maternelle, la mortalité des enfants, et la mortalité infantile. Néanmoins, cette dernière s'est moins abaissée en Bolivie qui demeure en Amérique du Sud un pays à mortalité relativement forte.

En 1965, les deux pays de l'Amérique andine à mortalité infantile la moins élevée sont la Bolivie, avec 76,5 décès pour mille naissances, et le Pérou, avec 74 pour mille. La Colombie (82,4) et l'Équateur (93) sont moins bien placés. Tous ces taux sont alors supérieurs à ceux de l'Uruguay, du Venezuela, de l'Argentine, pays dont la transition a débuté antérieurement. En revanche, ils sont inférieurs à celui du Chili, qui dépasse encore 100 (107 exactement). Puis les évolutions des trente-cinq dernières du XXe siècle marquent partout une baisse de la mortalité infantile, en modifiant le classement. Ainsi, la diminution est-elle de 70 % en Colombie mais de seulement 22 % en Bolivie. En 2000, la Colombie a donc la plus faible mortalité infantile de l'Amérique andine (25) devançant l'Équateur (35) et le Pérou (41). Quant à la Bolivie, elle compte la mortalité infantile la plus élevée des treize pays ou territoires d'Amérique du Sud. À l'opposé on trouve le Chili, avec 10, la Guyane française, l'Uruguay et l'Argentine en dessous de 20.

Les espérances de vie à la naissance confirment le retard sanitaire relatif pris pas la Bolivie : 63,7 années en 2000 contre 70 ou 71 ans pour les trois autres pays.

Les évolutions différenciées des conditions de la mortalité des quatre pays de l'Amérique andine ne permettent pas de déceler d'effet montagne dans leur calendrier démographique. L'une des conséquences de la baisse de la mortalité se retrouve dans la jeunesse de la population et dans le niveau actuellement atteint par le multiplicateur transitionnel.

B. Jeunesse de la population et baisse de la fécondité

La composition par âge des populations des quatre pays de l'Amérique andine est jeune. En 2000, la proportion de moins de quinze ans varie entre 33 % pour la Colombie et 40 % pour la Bolivie. Au Pérou, la pyramide des âges 2000 fait apparaître des effectifs des générations 0-4 ans moins élevés que ceux des générations 5-9 ans. Ces données sont le reflet des différences de progrès dans la lutte contre la mortalité. Le pays le plus avancé dans ce domaine, la Colombie, est également celui où la fécondité a davantage baissé, à 2,7 enfants/femme en 2000, puisque les populations adaptent leurs comportements de fécondité à une mortalité durablement abaissée. À l'opposé, le pays où le taux de mortalité a le moins diminué, la Bolivie, compte en 2000 la fécondité également la moins abaissée, soit 3,7 enfants/femme. Ce pays compte donc en même temps la plus forte mortalité infantile et la plus forte fécondité des treize pays d'Amérique du Sud.

La structure par âge, comme le régime démographique naturel, ne permet pas de déceler d'effet montagne, puisque la proportion de jeunes de la Colombie ou de l'Équateur est comparable à celle de la Guyana, de la Guyane française, ou du Venezuela.

C. Une décélération progressive

Au total, les pays de l'Amérique andine traversant la transition démographique ont un taux d'accroissement naturel positif expliquant la multiplication de leur population au cours du dernier demi-siècle. Passée de 11,6 millions d'habitants en 1950 à 39,7 millions en 2000, la population de la Colombie s'est multipliée par 3,4. Atteignant 12,9 millions d'habitants en 2000, la population de l'Équateur s'est multipliée par 3,8 en cinquante ans. Celle du Pérou, après s'être multipliée par 3,5, atteint 27 millions en 2000, et celle de la Bolivie, 8,1 millions en 2000, s'est multipliée par 2,9. Le moindre progrès de la Bolivie dans la lutte contre la mortalité explique un multiplicateur plus faible en dépit d'une fécondité moins abaissée. Au total, de tels multiplicateurs n'ont rien d'illogique pour une période qui couvre un grand pan de la transition démographique.

Au tournant du XXIe siècle, les quatre pays étant tous dans la seconde étape de la transition démographique, leur taux d'accroissement naturel est en forte baisse : pour l'Équateur, la Bolivie et le Pérou, le taux d'accroissement naturel a été maximum dans les années 1960, avec une moyenne annuelle pour cette période décennale entre 3 % pour l'Équateur et 2,4 % pour la Bolivie. Trente-cinq années plus tard, le taux de l'Équateur est de 2,1 %, celui de la Bolivie de 2,0 %, et celui du Pérou de 1,9 % contre 2,8 %, maximum atteint dans les années 1960. Le taux d'accroissement naturel de la Colombie, au niveau le plus élevé dans les années 1950, avec 3,2 %, est à 1,7 % en 2000.

Ces données mettent en évidence une rapide décélération, non explicable par un effet montagne, puisqu'on retrouve de semblables décélérations dans des pays de plaine d'Amérique du Sud ou d'autres sous-continents.

Tous ces éléments démographiques concernant les pays de l'Amérique andine concluent à deux enseignements. D'une part, leurs évolutions s'inscrivent dans les logiques mises en évidence par le schéma de la transition. D'autre part, la similitude d'évolution n'exclut pas des singularités dans les dynamiques démographiques propres à chaque pays. Néanmoins, pour déceler les effets du caractère montagneux sur la géographie de leurs populations, il convient d'examiner d'autres éléments.

II. Des caractéristiques démographiques liées à la montagne

En considérant d'autres données sur les populations de l'Amérique andine, trois éléments ne peuvent se comprendre sans considérer leur situation montagneuse : le mode de peuplement, la localisation de l'urbanisation et la migration.

A. La localisation du peuplement

La grande particularité du peuplement de l'Amérique andine tient à sa localisation à des altitudes inimaginables dans les régions tempérées du monde ; de nombreuses villes grandes, moyennes ou petites, se situent à plus de 2 000 mètres. Ces pays présentent un schéma inverse des montagnes européennes où la densité est souvent inversement proportionnelle à l'altitude.

millions d'habitants

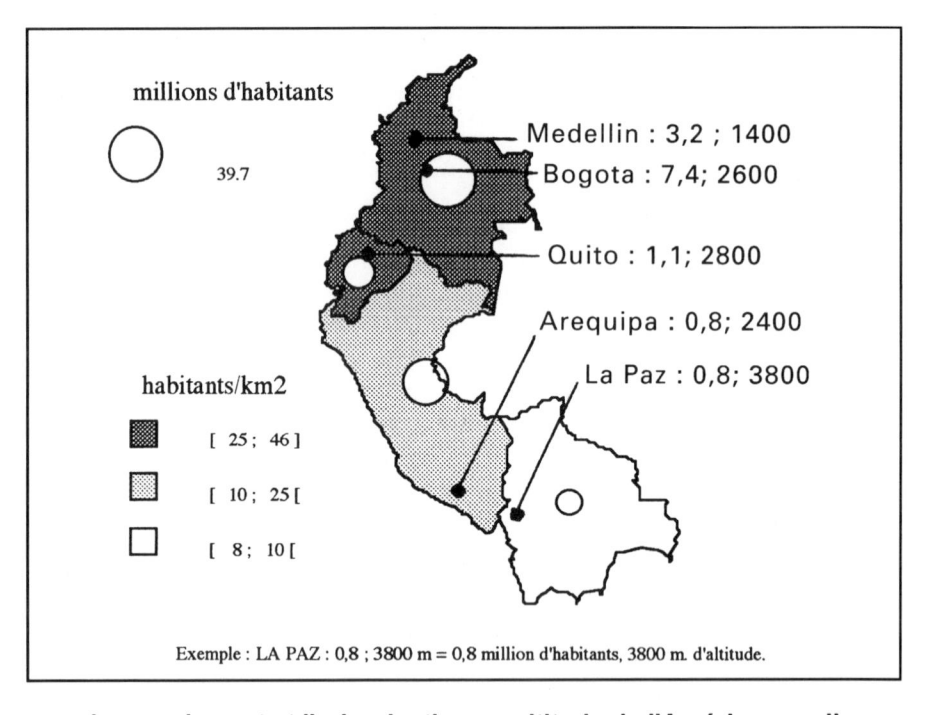

◯ 39.7

habitants/km2
■ [25 ; 46]
▨ [10 ; 25 [
□ [8 ; 10 [

Medellin : 3,2 ; 1400
Bogota : 7,4; 2600
Quito : 1,1; 2800
Arequipa : 0,8; 2400
La Paz : 0,8; 3800

Exemple : LA PAZ : 0,8 ; 3800 m = 0,8 million d'habitants, 3800 m. d'altitude.

Le peuplement et l'urbanisation en altitude de l'Amérique andine

La raison de ce peuplement original tient à l'appartenance de ces pays à la zone intertropicale où les conditions climatiques offrent en altitude différents avantages. Dans cette zone à tendance sèche, l'altitude n'a pas les mêmes effets que sous les climats tempérés des latitudes moyennes car, de façon générale, le climat de cette zone intertropicale prend une forme plus tempérée dès que l'altitude s'élève. Cela comporte divers avantages pour l'homme : l'altitude écarte la présence de certaines maladies comme la fièvre jaune au-dessus de 1 000 mètres ou le paludisme au-dessus de 2 000 mètres : en outre, la prévalence de certaines maladies est plus faible pour l'homme, tandis que certaines maladies touchant le bétail sont absentes sur des terres plus hautes. L'altitude abaisse la température et favorise de ce fait la condensation et la pluie permettant des pâturages impossibles en plaine.

Aussi, en Amérique andine, le peuplement privilégie-t-il les montagnes : 80 % de la population de l'Équateur vit dans les Andes ; en Bolivie, les deux tiers de la population habitent au-dessus de 3 000 mètres. De tels pourcentages expliquent une urbanisation en altitude.

B. L'importance de l'urbanisation en altitude

Le processus d'urbanisation de l'Amérique andine accroît le peuplement en altitude. Prenons d'abord l'exemple des deux principales villes de l'Amérique andine, situées en Colombie. La population de l'agglomération de Bogota, à 2 600 mètres, s'est multipliée par 67 entre 1900 et 2000, dont par 12 entre 1950 et 2000, année où elle atteint 7,4 millions d'habitants. En 2000, l'agglomération de Medellin, à 1 400 mètres d'altitude, compte 3,2 millions d'habitants, contre 0,348 million en 1950 et 0,049 en 1900. En Équateur, à 2 800 mètres, Quito compte 1,1 million d'habitants.

Au Pérou, Arequipa, fondée par Pizarro en 1540 à 2 400 mètres d'altitude, compte 800 000 habitants. Cuzco, à 3 600 mètres, la capitale de l'empire inca, dont le nom signifie en quechua « nombril de la terre », compte 170 000 habitants. Toujours au Pérou, Huancayo, dans les Andes centrales, capitale du département de Junin, compte 120 000 habitants à 3 200 mètres.

En Bolivie, Sucre, la capitale constitutionnelle, 100 000 habitants, se trouve à 2 795 mètres, et Oruro, centre minier de l'étain, également 100 000 habitants, à 3 700 mètres. La capitale La Paz, à 3 800 mètres, compte 800 000 habitants.

L'Amérique andine présente donc une armature urbaine tout à fait originale par l'altitude où se localisent de nombreuses villes, dont le poids démographique s'est souvent accru du fait de la transition démographique et de l'émigration rurale. Les causes de cette dernière tiennent aux changements structurels, à des migrations de pauvreté, mais également à des migrations politiques dans certaines régions souffrant de l'insécurité à cause de troubles civils.

Outre le peuplement et la localisation des villes, un troisième élément est lié à la montagne, le système migratoire.

C. Système migratoire et unicité ethnique

Les territoires de l'Amérique andine, certainement en raison de leur topographie montagneuse, n'attirent guère de migrants. Il en résulte une relative homogénéité ethnique. La population est composée d'une majorité d'Amérindiens, tandis que les effectifs des Créoles sont variables selon l'importance des personnes introduites au moment de la conquête espagnole. En conséquence, l'Amérique andine, peu attirante pour les migrants européens du XIXe siècle, se distingue de l'Amérique du Sud tempérée dominée par un peuplement blanc, issu des vagues de migrations ayant traversé l'Atlantique. Aujourd'hui encore, le solde migratoire de l'Amérique andine apparaît négatif. Mesurés au plan national, le taux d'accroissement dû au solde migratoire des quatre pays est nul ou négatif en 2000 : nul en Colombie, après une période où l'or noir du Venezuela a attiré nombre de clandestins, - 0,1 % en Équateur et au Pérou, - 0,2 % en Bolivie.

Le « rêve américain » provoque une émigration andine vers l'Amérique du Nord, le Mexique exerçant parfois un rôle de transit. Au plan des migrations intercontinentales, il faut souligner l'importance de la migration vers l'ancienne métropole, l'Espagne. Les chiffres officiels du solde migratoire espagnol en 1998, sur un total positif de 81 227, indiquent 2 745 avec la Colombie, 2 079 avec l'Équateur, 2 310 avec le Pérou, et 213 avec la Bolivie. Au 1er janvier 2000, sur 801 000 étrangers, l'Espagne dénombre officiellement 1 283 Boliviens, 13 627 Colombiens, 12 933 Équatoriens et 27 263 Péruviens. Mais il faudrait ajouter à ces chiffres les clandestins, éventuellement en voie de régularisation. Les Andins, essentiellement de sexe féminin, se retrouvent en Espagne notamment dans les métiers d'aide à la personne.

*
* *

L'examen des populations des pays de l'Amérique andine aboutit à des résultats paradoxaux. D'une part, l'analyse des transitions démographiques telles qu'elles se déroulent ne conduit pas à souligner de particularités liées à la montagne. D'autre part, la compréhension du peuplement, l'ethnicité ou les comportements migratoires ne peuvent s'expliquer sans prendre en compte le caractère montagneux de cette région.

Il y a donc bien un effet montagne en Amérique andine, lié au climat de ces altitudes intertropicales, mais aussi à l'héritage de civilisations ayant su aménager la montagne et en tirer des ressources. La connaissance des caractéristiques montagneuses d'un territoire peut offrir une grille de lecture permettant de mieux comprendre son peuplement. Mais le raisonnement ne doit pas pêcher par excès car une population à un moment donné n'est jamais le fruit exclusif d'une réalité géographique. Elle s'inscrit également dans un contexte historique, politique, culturel qui a toute son importance.

Éléments bibliographiques

DUMONT G.-Fr., *Les Populations du monde*, Paris, A. Colin, 2001.
THUMERELLE P.-J., *Les Populations du monde*, Paris, Nathan, 1996.

Altitude, pente et exposition dans la géographie humaine des montagnes françaises

Jean-Pierre HUSSON

« Les montagnes constituent le patrimoine naturel le plus précieux dont disposent encore les Européens » (B. Fischesser).

L'altitude qui induit la notion d'étagement, ainsi que la pente et l'exposition sont trois paramètres essentiels pour comprendre les cohérences et les particularités des systèmes de mise en valeur des montagnes et leurs trajectoires d'évolution récentes. En moyenne et haute montagne, les sociétés qui se sont souvent manifestées par des formes d'individualisme agraire ont su valoriser, exploiter dans des formes d'aménagement très variées les contraintes des terroirs, donnant par le passé des récoltes de céréales médiocres parfois relayées par la présence d'un arbre providentiel (le châtaignier[1]). La SAU, toujours rétractée était complétée par des surfaces en prairies souvent valorisées par du drainage et enfin par de vastes plaques forestières étagées, fréquemment traitées en jardinage[2] pour pouvoir concilier les fonctions de protection, de production et aujourd'hui d'ambition de durabilité. Les montagnes sont des laboratoires de la diversité[3] et de l'ingéniosité dans la valorisation des atouts et le dépassement des contraintes. Cette situation vérifiée par le passé, souvent imposée par de très fortes pressions démographiques alors subies, cadre aujourd'hui avec des contrastes très variés. De vastes parts de territoire s'inscrivent dans des zones vieillies, de faibles densités, de diffluence démographique tardivement prolongée[4]. D'autres régions ont combattu la fatalité et le déclin avec succès et s'inscrivent désormais dans des logiques de renaissance rurale. Elles ont réussi à se désenclaver, à bâtir des projets souvent fédérés autour de la promotion des territoires et éventuellement des produits (classement en AOC huile d'olive de Haute Provence des vergers de la région de Manosque, succès du pays de Laguiole doublement spécialisé dans la production coutelière et la fabrication de fromages). Aujourd'hui, les situations de la montagne ne se déclinent pas de façon dichotomique en opposant les espaces ponctuels enrichis par l'or blanc[5] et l'essentiel du reste de la montagne appauvri.

Les montagnes qui réclament des choix d'aménagement très réfléchis dans leurs localisations sont réaffirmées plurielles par les processus, les niveaux, les scénarios de développement qui y éclosent dans un certain bouleversement des hiérarchies de valeurs. Ce monde à part crée, réinvente en reliant des réflexes, des survivances anciennes d'aménagement à de nouvelles logiques post–industrielles qui valorisent dans

---

1. PITTE J.-R., *Hommes et paysages du châtaignier en Europe de l'Antiquité à nos jours*, Paris 4, thèse d'État, géographie, 1986, ANRT, Lille, 10 fiches.
2. Le jardinage est une pratique sylvicole ambitieuse, fine, consistant à bâtir des forêts à architecture étagée où cohabitent toutes les classes d'âge.
3. BARRUET J., *Montagne. laboratoire de la diversité*, Grenoble, CEMAGREF, 1995, 293 pages.
4. FESNEAU V., « Le Queyras, entre pays et arrière – pays. », Aix, *Montagne méditerranéenne*, 1997, 6, p. 91-95. « Si le Queyras est bien une unité géographique, historique et identitaire clairement définie, sa faiblesse démographique lui permet d'atteindre qu'un niveau de fonctionnalité minimal insuffisant pour former un pays ».
5. KNAFOU R., *Les Stations intégrées de sport d'hiver des Alpes Françaises,* Paris, thèse d'État, géographie, 1978.

des conjugaisons très variées les critères de pentes, d'altitude, d'exposition. L'explication de ces trois paramètres et leur couplage dans des ordonnances variées sont indispensables pour comprendre la perception toujours multiscalaire des territoires de montagnes ou s'articulent, s'annulent ou s'amplifient des cohésions qui vont du microterritoire dessiné à la sueur du travail humain par l'épierrement et les constructions des terrasses, de murgers jusqu'à la prise en compte d'autres échelles, par exemple les couloirs d'avalanche ou encore les relations de complémentarité tissées au sein d'un bassin versant. La mise au point concernant la réalité de ces paramètres permet initialement, et en ce qui concerne les terroirs et les systèmes agraires, de comprendre la mise en place puis l'optimisation et enfin les dysfonctionnements qui précèdent l'actuel stade de partielle ré-appropriation des espaces ruraux. En dernier lieu sont abordées les valorisations non agricoles des systèmes de pente-altitude-exposition, principalement celles bâties autour des risques, des linéaires logistiques et des activités récréo-touristiques.

Les mosaïques montagnardes

L'altitude exerce un rôle essentiel dans l'étagement particulièrement visible dans l'agencement biogéographique. Globalement, les étages sont cependant assez flous, mal définis, nuancés par des seuils, des zones de transition. Ils varient en fonction de l'altitude et de la nature du substrat, de la topographie. Le seuil inférieur de l'étage alpin fixé par rapport à l'isotherme + 2° C avoisine 2 000 mètres et il existe, à quelque exposition que l'on soit, un parallèle entre la limite des neiges permanentes et celle de la forêt déclinée par trois bandeaux successifs : la limite de la forêt pleine, celle des bourrelets boisés puis la zone de combat où des arbres mènent dans des conditions marginales, une ultime avancée (port en drapeau, formes rampantes). Avec l'altitude s'accroît le coefficient de nivosité dans un total pluviométrique qui lui-même grandit si s'exerce pleinement le phénomène de pluies orographiques, inversement si les montagnes ont une altitude suffisante pour dépasser ce seuil ou encore si elles sont positionnées à l'intérieur des massifs. Il s'agit alors de montagnes sèches qui voient arriver peu d'air humide dans des hautes vallées cloisonnées. C'est le cas du Queyras, du Briançonnais, de l'Ubaye, régions qui jouissent de conditions d'ensoleillement très élevées (plus de 2000 heures d'ensoleillement et moins de 80 jours de précipitations en Queyras[1]). L'altitude et son corollaire la décroissance irrégulière de la température en deçà de 3 000 mètres fait des montagnes des isolats froids où les adrets sont réchauffés par un bilan radiatique élevé compensé par une déperdition nocturne également importante, à relier à une moindre densité de l'air en vapeur et en matière en suspension. L'altitude façonne des territoires montagnards atypiques, à part, différents de ceux du plat pays[2], pleins de contraintes tournées par l'homme en opportunité. L'altitude crée des espaces morcelés où cohabitent, existent de façon juxtaposée différents milieux définis par leurs spécificités stationnelles (par exemple la hêtraie sapinière à épicéa vosgienne qui domine l'étage de la hêtraie sapinière, l'étage forestier sommital des Alpes sèches qui correspond à une forêt claire de mélèzes élevée jusqu'à 2 500 mètres). Cette belle ordonnance est fréquemment perturbée dans ses agencements par des variations linéaires (couloirs d'avalanche, incision d'un torrent, éboulis, parois

---

1. Les inondations catastrophiques de juin 1957 ont anéanti le village de Ceillac, reconstruit, déplacé, réaménagé en étant retenu comme commune — test de mise en place d'un projet de remembrement — aménagement.
2. ROUGERIE G., *Les Montagnes dans la biosphère*, Paris, A. Colin, 1990, 221 pages.

subverticales, cônes de déjection, cônes d'avalanches...) qui obligent à donner toute son importance à la complexité des liens amont-aval pris dans toute l'amplitude des choix d'échelles retenus. Les raccourcis biogéographiques qui donnent sur de courts transects d'étonnantes diversités paysagères apportent tout le crédit qu'il faut donner au couplage, dans des déclinaisons très variées, des critères azonaux ici évoqués. De Nice à l'Argentera (3 297 mètres) se succèdent sur quelques 50 km des paysages débutés par la flore de la riviera, terminés par les hêtraies sapinières puis les pelouses et les lithosols.

Pente, pendage, accidents topographiques jouent un rôle essentiel dans l'enclavement des montagnes longtemps craintes, jugées hideuses dans les représentations qui en étaient faites et dans l'imaginaire véhiculé jusqu'à l'époque pré-romantique contemporaine de la première ascension du Mont-Blanc réalisée par J. Balmat en 1786[1]. La montagne est quadrillée, enfermée dans ses horizons par des barres, des aiguilles, des parois abruptes (synclinaux perchés), des pentes qui imposent d'être inventif (drailles empruntées par les troupeaux d'estives devant contourner barres, ravins et ravines, schlitage des bois sur des chemins de ravetons — sorte de rails en bois — pour évacuer les coupes dans les Vosges). La pente est escaladée par les vents ascendants chargés de précipitations puis progressivement asséchés. Ces flux alternent avec des mouvements descendants, compressifs matérialisés sur les sommets où s'annonce la subsidence par un mur de foehn, une vague de nuages qui s'enroule sur les crêtes avant de redescendre, de se réchauffer, pouvant générer des avalanches ; la violence des flux étant accentuée, canalisée par les données locales du relief. La pente est toujours irrégulière, largement dépendante du pendage des roches, du travail de l'érosion qui peut se traduire par de modestes couronnes d'arrachement ou à l'inverse sculpter d'énormes ravines incisant profondément les roches peu résistantes. C'est le cas des nappes de charriage où seules les écailles sont une assise pour les villages (cas du village de Sainte-Apollinaire sur le versant nord du lac de Serre-Ponçon). L'érosion cisèle d'autant plus efficacement que le niveau de base des cours d'eau est bas. Les contreforts des Fenouillèdes, marges défensives du royaume couronnées dès Louis IX par des châteaux forts assis sur des pics vertigineux (Quéribus) sont taillés par l'Agly et ses affluents qui dessinent ici des gorges profondes tranchées à la verticale (gorges de Galamus). Quand ces lieux revêtaient une dimension stratégique forte, ils furent fortifiés. C'est en particulier le cas des sites de verrous comme la forteresse du Mont-Dauphin implantée par Vauban à la confluence du Guil peu avant qu'il ne conflue avec la Durance.

La topographie accidentée des terroirs de montagnes a imposé de s'adapter aux pentes, contre-pentes, dépressions internes (comme les dolines individualisées ou coalescentes qui parsèment la surface des Causses). Ces zones sont autant de territoires à part, là encore conjuguées à toutes les pertinences d'échelles. Elles offrent partout d'intéressantes spécificités. Ainsi, les petits bassins d'effondrement du Massif central (Ambert, Le Puy) concentrent souvent l'air froid et la nébulosité. Ils sont pénalisés par des inversions thermiques. L'agencement de la pente est un facteur essentiel de l'organisation de la catena. Sol, formations superficielles et éboulis s'organisent, se succèdent en fonction des critères de granulométrie, dans des cohérences azonales qui, très souvent, se traduisent dan la répartition des peuplements forestiers en aires d'extension exiguës et disjointes. Les grosses buttes de grès qui accidentent le bassin de

---

1. C'est à la fin du XVIIIe siècle que la montagne commence à être un objet de regard des peintres. C'est probablement avec Cézanne que cet intérêt culmine (montagne de la Sainte-Victoire).
VIDAL – NAQUET P., « Genèse d'un haut lieu. », Aix, *Revue Méditerranée*, 1992, 1-2, p. 7-16. Avec Cézanne, la Sainte-Victoire est devenue un territoire hautement qualifié, un espace emblématique, saturé de sens, consacré par les mesures de protection — classement de 1958 et 1983.

Saint-Dié des Vosges obéissent à cette logique. La dalle de conglomérat sommital donne des sols très pauvres, filtrants et n'est occupée que par les pins sylvestres alors que les versants peuvent abriter des dominantes de hêtraies ou de sapins respectivement localisés sur les endroits (adret) et envers (ubac).

Les sols de montagne dépendent des effets mécaniques liés à la pente et des modifications latérales qui différencient très fortement deux lieux proches l'un de l'autre, sachant que la roche mère peut également affleurer.

L'altération, la destruction mécanique varient avec l'altitude, la durée et l'intensité de la vie bactérienne, elle-même dépendante de la température moyenne à relier au critère de un à deux mois de température estivale supérieure à 10° C (valeur minimale pour obtenir la fructification des essences ligneuses). Pente et altitude conjuguent leurs effets dans des processus très variés pour expliquer la production, la redistribution des humus et des sols, l'aération ou l'asphyxie des milieux concernés, la prise en compte des impacts anthropiques (du regain d'érosion lié à la déforestation aux modestes phénomènes de pieds de vache liés au passage des bêtes d'estive).

À chaque détour du puzzle montagnard, la situation locale est modifiée par l'exposition opposant l'adret et l'ubac déclinés sous une multitude de noms locaux, différenciant le versant protégé des vents, des pentes affectées par les pluies et le froid. Ces paramètres changent, peuvent s'inverser par rapport aux valorisations que l'homme peut prétendre exploiter. Chez nous, en terme de logique agraire, les adrets étaient les bons pays où l'homme implantait ses villages. Les défrichements mal localisés sur les ubacs ont été tardifs et prématurément abandonnés après le dépassement du maximum démographique (situation vérifiée à propos des ascencements marginaux vosgiens[1]). L'exposition apporte des variations considérables dans l'organisation des paysages montagnards[2]. Elle modifie la répartition des graphes de températures, pénalise les faces orientées Nord-Nord-Est. L'exposition infléchit également la répartition des totaux de précipitations. Les versants regardant vers le sud souffrent en général d'un fort déficit (Pyrénées espagnoles). Les versants sous abri peuvent profiter de conditions favorables. « L'œuf de Colmar », zone de moindre total pluviométrique placée à l'abri des Hautes Vosges localise, sur la route des vins, les lieux de production viticoles alsaciens les plus prestigieux (Husseren, Turckheim, Katzenthal…).

Partout des modifications d'exposition qui se matérialisent par des changements brutaux et systématiques des températures et des précipitations sur des aires très rapprochées, disjointes font que le gradient altitudinal apparaît comme un défi[3] à propos de la recherche sur la dynamique des paysages d'altitude, tout spécialement dans les régions intra-montagnardes qui créent leurs propres organisations.

L'addition, l'annulation ou l'amplification des spécificités liées aux paramètres d'altitude, pente et exposition aboutit à l'idée de kaléidoscope montagnard énoncée autrefois par le grenoblois Raoul Blanchard. Les combinaisons possibles font que la

---

1. KOERNER W., *Impacts des anciennes utilisations agricoles sur la fertilité du milieu forestier actuel*, Paris 7, thèse de géographie, 1999, 188 pages.
2. Sur une ligne imaginaire reliant Limoges à Besançon, la forêt culmine à moins de 1 000 mètres sur les hauts plateaux limousins, 1 400 mètres dans le Forez, 1 700 mètres dans les Préalpes, 2 300 mètres dans les Alpes internes.
3. DELINE Ph., « L'Étagement morphodynamique de la haute vallée alpine : l'exemple du Val Veny. », Grenoble, *RGA*, 1998, 3, p. 27-35.
   « La diversité est de règle dans les Alpes où énergie de relief, lithologie, tectonique, latitude, continentalité, exposition, végétation et occupation humaine sont des variables aux combinaisons multiples dans l'espace et dans le temps. »

montagne est un milieu rude, difficile à domestiquer dans ses marqueteries de territoires contigus, enchevêtrés.

Des terroirs construits, escaladés

Les hommes ont mis beaucoup de patience et d'acharnement à bâtir des terroirs montagnards pénalisés par des conditions climatiques, pédologiques restrictives parfois compensées par l'assurance de trouver des sites faciles à défendre, des réduits où s'exprimait le refus, voire la désobéissance (les Camisards qui bravent le pouvoir de Louis XIV). Les montagnes ont été des bastions ou des frontières. Paul Veyret[1] résumait les conditions agro-sylvo-pastorales du passé autarcique par « plus de peine, moins de rendement, moins de sécurité » par rapport au déchaînement des contraintes naturelles, avec une agriculture spatialement rétractée mais inventive dans les multiples formes d'adaptation préconisées créant des équilibres qui se sont défaits au XIXe siècle. Pour comprendre les constructions, les temps de plénitude puis les dysfonctionnements des agro-sylvo-systèmes montagnards, il est nécessaire de croiser les différentes échelles spatiales retenues (du muret de soutènement aux logiques de bassins versants puis à la réalité des massifs et de leurs bordures) avec les temps qui ont contribué aux accélérations, aux immobilismes, aux éventuels effondrements des paysages. Les finages montagnards sont bâtis selon une logique verticale, apparaissent désarticulés, discontinus et dynamiques, jadis inscrits dans une économie de polyculture autarcique peu productive, en adaptant à la pente et à l'attitude ce qui se faisait en plaine.

Ainsi dans les Vosges gréseuses existaient jusque vers 800 mètres des lambeaux d'openfield laniéré où les champs se calquaient sur la topographie par des murets curvilignes. Dans les Alpes ou les Pyrénées, les paysanneries cultivaient le blé, les céréales secondaires (celles qui terminaient leur mûrissement sur les carcasses de mélèzes des maisons de Saint-Véran - 2 040 mètres) et les arbres fruitiers jusqu'à des altitudes élevées. La limite des habitats permanents coïncidait alors avec celle des cultures possibles de céréales ou encore des arbres nourriciers (le châtaignier).

Des terres gagnées, épierrées

En montagne, le sol est rare, souvent discontinu et frais (sur les parois orographiques aux sols châtains ou noirs). Il doit être consolidé, épierré[2], fut longtemps remonté à dos d'homme, retenu par des murettes désormais abandonnées, éventrées, envahies par la friche ligneuse si des processus régressifs se sont imposés avec des glissements latéraux de l'activité vers le bas de pente et les vallées (document 1).

À Eus, le finage qui escaladait la montagne s'est terriblement rétracté par rapport à l'époque du maximum démographique où vignes, cultures et olivettes valorisaient les moindres terres aujourd'hui abandonnées. Les limites supérieures des terrasses ont en général évolué au rythme de la pression humaine, jusqu'à ce que le rapport Récolte/Densité devienne inacceptable et génère des dysfonctionnements, des ruptures définies par des systèmes érosifs[3] linéaires ou en nappes activés par

---

1. VEYRET P., *Les Alpes*, Paris, PUF, coll. « Que sais-je ? », n° 1463.
2. BLANCHEMANCHE Ph., *Bâtisseurs de paysages. Terrassement, épierrement et petite hydraulique en Europe (XVIIe et XVIIIe siècles)*, Paris, éd. de la Maison des Sciences de l'Homme, 1991, 329 pages.
3. NEBOIT-GUILHOT R., *L'Homme et l'érosion*, Clermont-Ferrand, publication de la faculté des Lettres et Sciences humaines, 1983, 180 pages.

l'affaiblissement spatial et qualitatif du couvert forestier particulièrement malmené sur les adrets. (document 1)

À l'échelle du versant et de l'exploitation (documents 2 et 3), les Vosges Gréseuses montrent la capacité des montagnards à valoriser les paramètres de l'altitude, la pente, l'exposition. À l'échelle du bassin versant, l'étagement donnait, dans une société où dominait le bois, l'avantage à l'endroit (l'adret) où se localisent à mi-pente les terres cultivées organisées en champs laniérés.

La montagne pastorale

Dans les montagnes fraîches, l'herbe a toujours exercé un rôle essentiel. Là où les précipitations sont raréfiées, cet avantage se retrouve plus haut en altitude. L'herbe occupe les fonds de vallée qu'il faut drainer pour éliminer les excès d'eau mais également les versants où les rigoles d'écoulement facilitent le réchauffement printanier favorable à la repousse de l'herbe. Au-delà de la limite de la croissance des forêts, de la frange de combat des arbres (étage subalpin), l'étage alpin est occupé par des prairies sommitales naturelles ou anthropiques (si l'étage subalpin a été défriché depuis des temps immémoriaux). Les trois types de prairies évoquées sont étagés et ont servi des pratiques d'élevage complémentaires obéissant à des logiques de verticalité, avec des habitats temporaires d'estives, avec parfois le recours à des formes de transhumance inverse hivernale en direction de la plaine. Dans les Alpes du Nord et le Jura, le système de la montagnette (P. Deffontaine) s'appuyait sur une forte coopération indispensable à la fabrication des meules de gruyère. La montagnette pouvait associer des cultures et parfois des sites intermédiaires étaient occupés sur les pentes (les remues). Les mouvements de transhumance se sont souvent traduits par un inégal dynamisme des deux versants d'une montagne à coloniser les terres hautes. Dans les Vosges, les habitants de Munster ont largement débordé sur le versant de langue romane, apportant avec eux des patronymes comme Valdenaire (Waldner, homme des bois). En Corse l'exploitation des versants s'effectuait à l'époque du plein démographique à partir d'un dense liseré de villages accrochés vers 500-700 mètres, dominant la mer, essayant de vivre de la châtaigneraie et de jardins irrigués. La communauté pratiquait la double estive pour améliorer, diversifier ses revenus. (document 5)

Au total, la grande variété des formes de valorisations agro-pastorales a modelé les paysages de pente qui demeurent la matrice de la trame paysagère inscrite dans des dynamiques spatiales aujourd'hui très variés, placées entre permanence, effondrement ou détérioration, restructuration, renaissance. C'est le cas du bocage Champsaurin[1] étagé entre 800 et 1 400 mètres. Ce bocage de la vallée du Haut Drac a atteint sa plénitude comme réponse aux risques de surpopulation accompagnant la période de plein démographique (milieu du XIXe siècle). Les haies plantées sur talus étaient majoritairement perpendiculaires à la pente. Elle fournissait du combustible, des compléments de fourrage (feuillage des frênes) et formaient un obstacle à l'érosion. La densité de haie était en relation avec la pente et la charge pierreuse des sols. Aujourd'hui, ce bocage mérite d'être préservé pour sa valeur paysagère.

---

1. MOUSTIER Ph., « Le Bocage champsaurin », Aix, *Revue Méditerranée*, 1996, 1-2, p. 37-42.

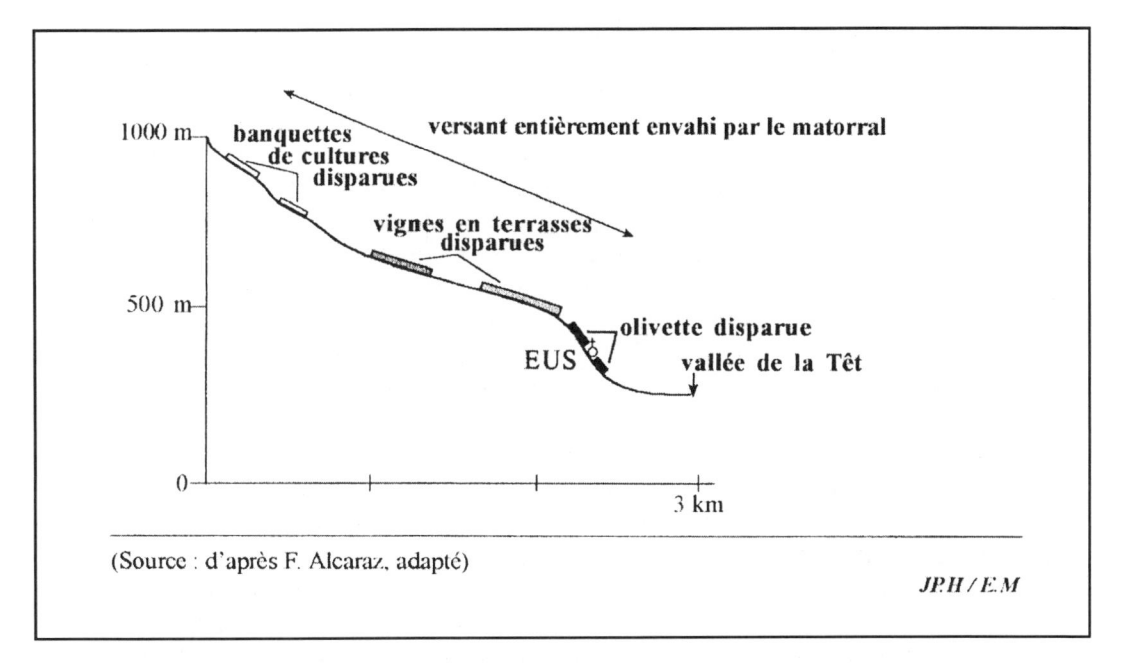

Altitude, pente et exposition dans la géographie humaine des montagnes françaises

```
1000 m ─┐   banquettes         versant entièrement envahi par le matorral
         \   de cultures
          \  disparues
           \        vignes en terrasses
            \           disparues
 500 m ─        _____
                        \___ olivette disparue
                      EUS        vallée de la Têt
                                      ↓
     0 ─┼──────────┼──────────┼
                         3 km
```

(Source : d'après F. Alcaraz, adapté)

JP.H / E.M

Document 1 : Un finage destructuré par l'abandon des cultures en terrasses, la reconquête par la friche arborée puis le matorral (comparaison de l'actuel à l'état *ante* correspondant au cadastre napoléonien)

Chaumes

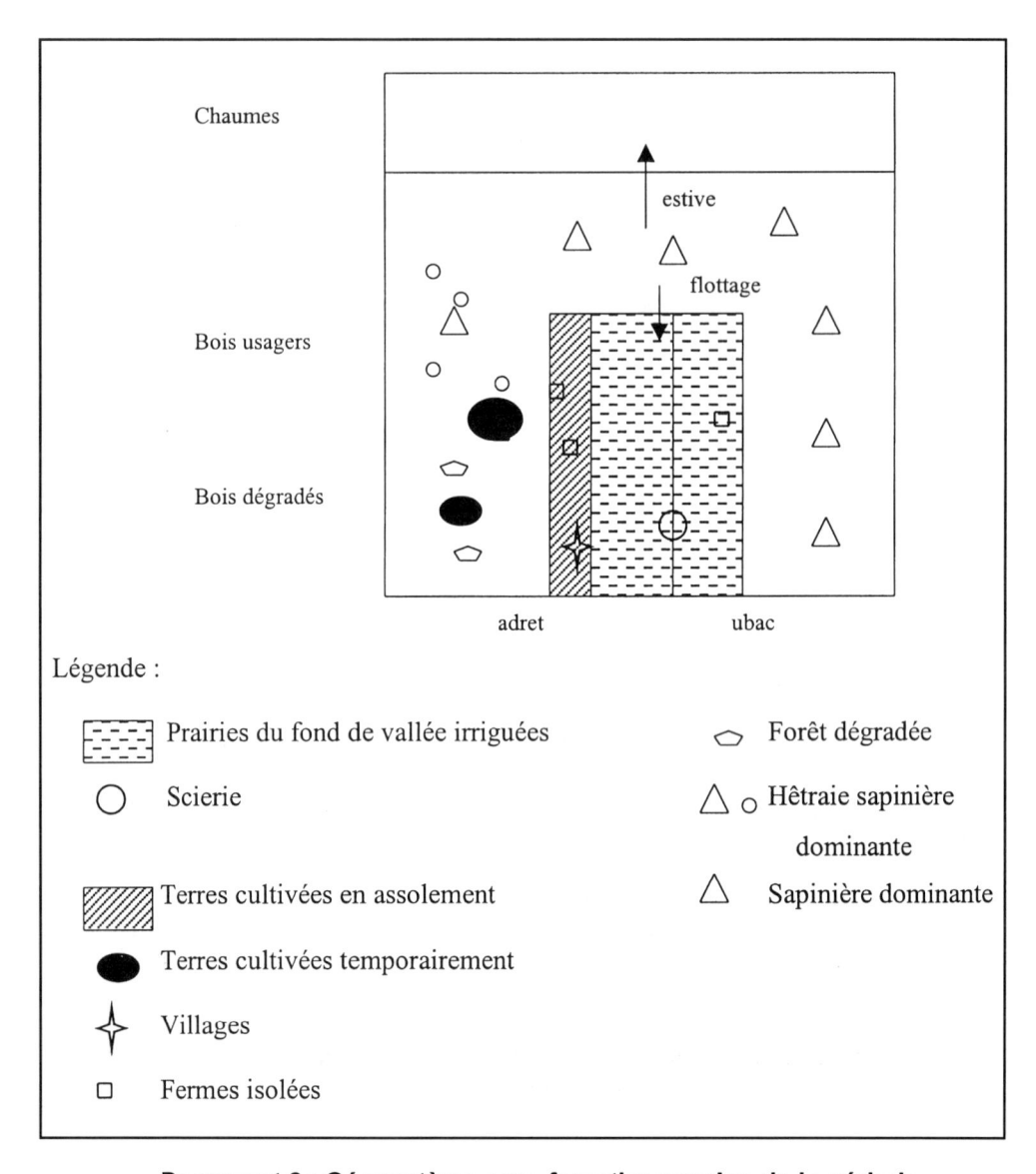

estive

Bois usagers

flottage

Bois dégradés

adret   ubac

Légende :

- ≈≈≈ Prairies du fond de vallée irriguées
- ○ Scierie
- ▨ Terres cultivées en assolement
- ● Terres cultivées temporairement
- ✦ Villages
- ☐ Fermes isolées
- ⬠ Forêt dégradée
- △ ○ Hêtraie sapinière dominante
- △ Sapinière dominante

Document 2 : Géosystème agro-forestier vosgien de la période du plein démographique

Altitude, pente et exposition dans la géographie humaine des montagnes françaises 155

```
        S                                          N
   450m      ⊖↙  Pacage + champs
            ╱     temporaires
           ╱                              △
    1 : adret                           △△△
         ╱─┼─                          ╱      3 : ubac
        ╱  ▢                          ╱
   350m ╱    ╲_____╱
                   2 : fond humide
                 aulnaies ou prairies drainées
```

Légende

1 : adret très défriché

▢ habitat

┼┼ terrasses

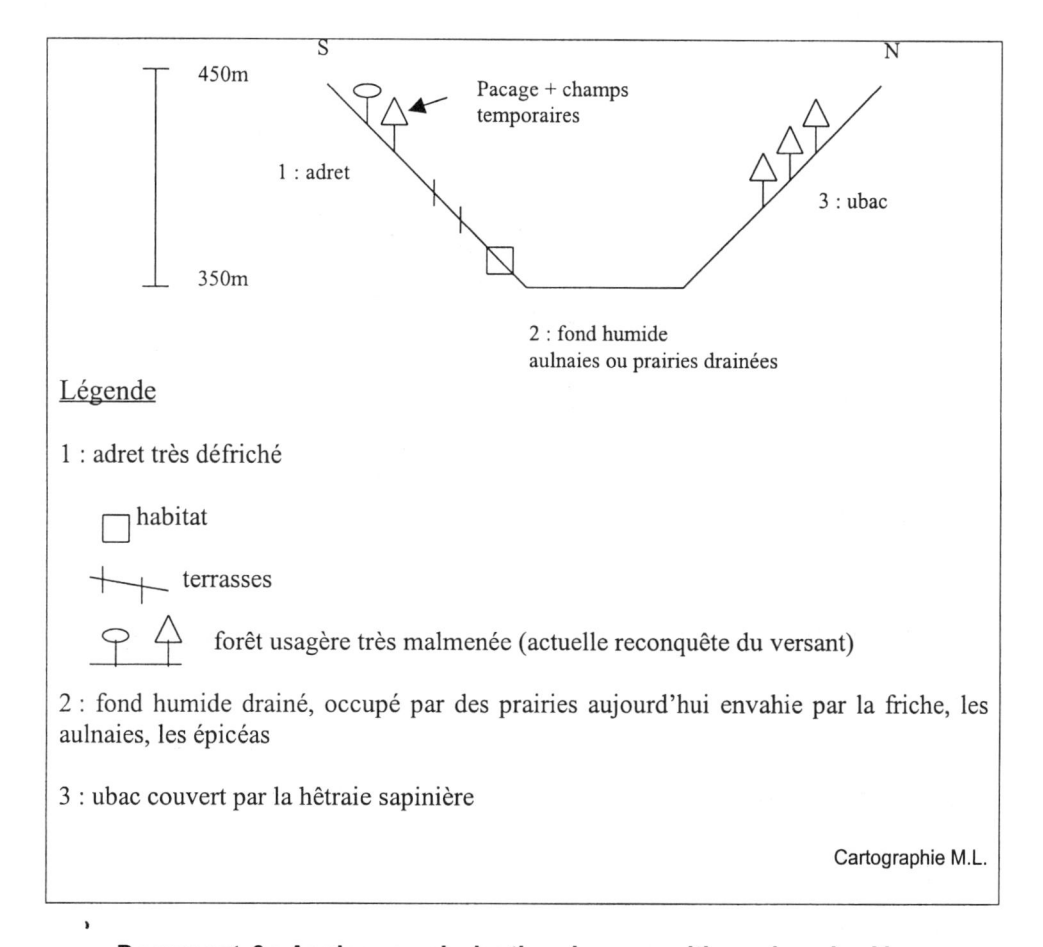

⊖ △ forêt usagère très malmenée (actuelle reconquête du versant)

2 : fond humide drainé, occupé par des prairies aujourd'hui envahie par la friche, les aulnaies, les épicéas

3 : ubac couvert par la hêtraie sapinière

Cartographie M.L.

Document 3 : Ancienne valorisation des expositions dans les Vosges Gréseuses (Massif de Mortagne)

Étages de végétation en Corse

- Etage alpin
- Etage subalpin — 2200m
- Etage montagnard — 1800m
- Etage supra méditerranéen — 1300m
- Etage méso méditerranéen — 900m

Transhumance d'estive

Ecobuage, forêt malmenée

Châtaigneraie

Transhumance inverse

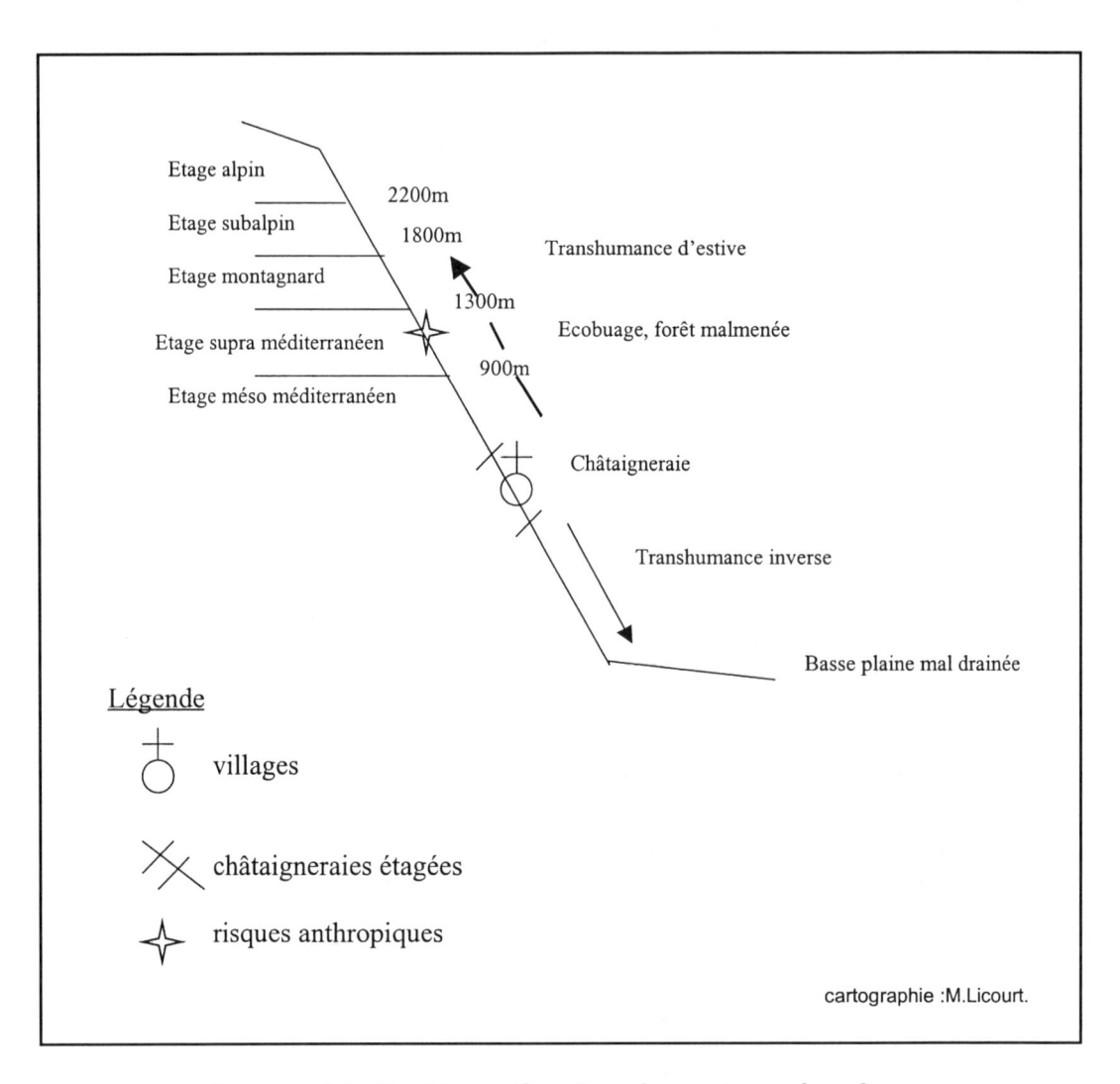

Basse plaine mal drainée

Légende
- ✠/○ villages
- ✕ châtaigneraies étagées
- ✧ risques anthropiques

cartographie : M. Licourt.

Document 4 : Double système transhumant passé en Corse

Altitude, pente, exposition : un rôle moindre dans les formes de renouveau rural en montagne ?

Le territoire rural de montagne jusqu'ici abordé dans une approche diachronique reste aujourd'hui un espace d'enjeux placé entre l'économique, l'écologique, le symbolique et le politique (H. Gumuchian[1]). Si la présence de la friche tend, dans un premier temps à souligner les zones de faiblesses des systèmes de montagne, les paramètres de pente, d'altitude, d'exposition sont cependant moins présents que par le passé dans les formes d'occupations qui se dessinent. Les territoires flous et la couverture forestière régénérée naturellement ou résultant surtout des reboisements artificiels[2] a eu tendance à occuper sans discernement les territoires avant que de nouvelles zonations puissent se produire. Ainsi, sur les hautes terres limousines, les reboisements initiés par Marius Vazeilles (plateau de Millevaches) ont fini par submerger de très vastes territoires gagnés par de très faibles densités. Aujourd'hui, de nouvelles logiques peuvent s'imposer si les formes d'élevage mises en place sont capables de nourrir les habitants en fonction des choix économiques et qualitatifs retenus (document 5). En Limousin, l'étagement a été bouleversé. Naguère, les terres à seigle demeuraient limitées au bas de pente et restaient spatialement réduites faute de pouvoir chauler. Le châtaignier sauvait de la disette, les sommets arrondis étaient en friche et landes. Aujourd'hui, les reboisements de résineux coiffent l'essentiel des hauteurs et les zones les plus basses sont conjuguées dans une harmonie de vert et bleu (étangs et grands herbages où s'est développé l'élevage du veau sous la mère).

Des actuelles logiques de revalorisation non agricoles

Désormais les critères de l'altitude, la pente et l'exposition cadrent en priorité avec des logiques d'aménagement liées à la prévention des risques, la cohérence des logistiques qui, en montagne, génèrent d'importants surcoûts et la diversification de la gamme des activités récréo–touristiques.

Génie civil et génie sylvicole dans la lutte et la prévention des risques

Les lois de 1860, 1864 et 1882 sur le gazonnement et la RTM (Restauration des terrains de Montagne) ont été votées suite aux déclenchements de catastrophes produites à une époque où la couverture forestière des pentes était trop rétractée, fragilisée, en particulier dans le Sud où s'étendaient des montagnes grises, des éboulis, des ravins (travaux initiaux menés par Demontzey sur le Riou–Bourdoux au cours de Second Empire). Les nouvelles forêts ainsi bâties ont vieilli, méritent d'être biodiversifiées et rajeunies pour répondre aux exigences de lutte contre l'érosion, les avalanches, les éboulis. Les forestiers tentent de bâtir des forêts pluriusages, variées pour freiner le déclenchement des risques et concilier cet objectif avec la production de bois et la cohérence des paysages[3].

---

1. GUMUCHIAN M., « La Montagne : un haut lieux de la connaissance. », ix, *Montagnes méditerranéennes*, 2000, 12, p. 109-12.
2. Dans le Morvan, la part des résineux est passée de 23 % en 1970 à 40 % du couvert forestier en 1988.
3. « Gestion multifonctionnelle des forêts de montagne. », Nancy, *Revue forestière française*, 1998, numéro spécial, 240 pages.

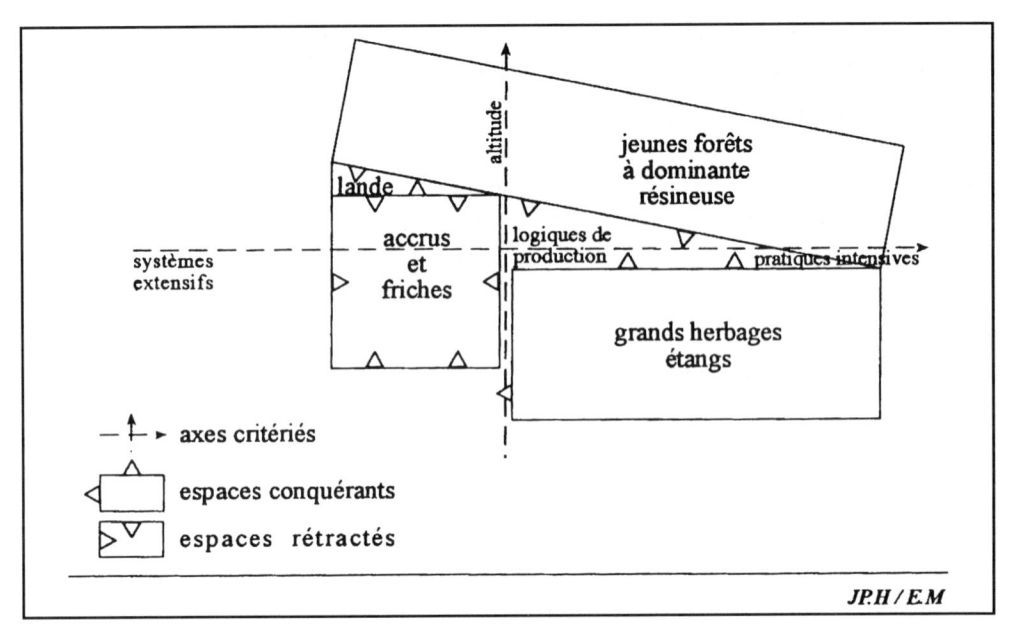

Document 5 : Essai d'interprétation de l'évolution récente des équilibres et ruptures agro-sylvo-pastoraux du Limousin

Document 6 : Types de traitements appliqués aux forêts de montagnes gérées par l'ONF

Type	% en surface	commentaire
Futaie régulière	37	Forêt de production
Futaie irrégulière	11	Rôle de protection important
Futaie jardinée	22	Rôle de protection très important
Forêt en repos	20	Rôle de protection exclusif
Autres situations	10	

Source : RFF, 1998, sp.

Là où la couverture forestière ne peut être efficiente, en particulier au-delà de la zone de combat de l'arbre, la gestion des risques consiste si possible à pérenniser, agrandir et faire pâturer les surfaces en prairie. Partout, il s'agit enfin de gérer les risques en terme de logique de bassin, avec par exemple à l'amont des pare–avalanches (poutrelles fichées dans le sol), des murs de soutènement, des gabions et des épis sur les torrents[1].

Des prouesses logistiques

La circulation des hommes et des marchandises puis la production de la houille blanche (dès 1869) ont conduit les montagnards à dépasser les handicaps liés aux accidents topographiques en forant des tunnels, en simplifiant l'accès aux cols, en construisant des systèmes de crémaillères, en élaborant des captages, des convergences de l'eau sur des lacs étagés, des circuits qui optimisent les potentialités des pentes ou / et des débits.

Panoramas agrestes, neige, glace

L'alpinisme, le ski nordique, le ski de descente consacré par les J.O. de 1936, formidable tremplin pour les Alpes françaises (J.O. de Grenoble en 1968 et d'Albertville en 1992) donnent des visages valorisants de la montagne longtemps reléguée dans un rôle climatique (sanatorium du plateau d'Assy, maisons de repos inscrites dans un cadre sylvatique, sédatif, etc.). Les images sportives et les attentes des utilisateurs se sont fortement diversifiées par rapport au temps encore proche de l'essor des sports de neige et de la construction étagée des stations dont le modèle fut la Plagne (site vierge valorisé à partir de 1 962 à 2 000 mètres d'altitude[2]). Les différentes générations nées initialement d'un village, grandies avec le risque de mitage ou bâties *ex nihilo*, et consommant alors assez peu d'espace, marquent les étapes de la demande en terme de d'activités sportives, soulignent les effets de mode, d'engouement et de renouvellement des pratiques : essor des sports sur glacier, du rafting, du parapente, etc. À partir du lac de Tignes (2 093 mètres), une double installation de télécabine escalade un dénivelé de 930 mètres, atteint 2 800 mètres puis dépasse la limite basse du glacier et dépose ses passagers qui peuvent presque atteindre la crête en téléphérique. Les stations jouent sur les expositions pour bénéficier d'une durée d'enneigement optimale (au moins quatre mois) et d'une variété de types de neige et de glace. Le succès est conforté quand des principes de réciprocité permettent aux utilisateurs d'emprunter des champs de neige appartenant à plusieurs stations.

Conclusion

Les paramètres conjugués dans des variables et des dosages très variés de l'altitude, la pente, l'exposition font des montagnes des objets géographiques passionnants, définis comme des puzzles où se lient des interactions complexes, non figées, où se juxtaposent des territoires optimisés, valorisés, pénalisés et même oubliés. En croisant les logiques spatiales et diachroniques, le texte qui précède a montré la vitalité, le fort pouvoir inventif et de renouvellement que permettent ces paramètres dans les choix d'aménagement arrêtés.

---

1. FLAGEOLLET J.-C., *Les Mouvements de terrain et leur prévention*, Paris, Masson, 1989, 217 pages.
2. Carte IGN 1/25000, 3533 Ouest.
   Voir sur cette même feuille, les trois stations étagées de Courchevel 1550, 1650, 1850 avec le téléphérique de la Saulire (2 738 mètres).

Achevé d'imprimer en novembre 2001
sur les presses de Normandie Roto Impression s.a.
à Lonrai (Orne)
N° d'imprimeur : 012775
Dépôt légal : novembre 2001

Imprimé en France